棉花生产管理技术指南

娄善伟　张鹏忠　郭 峰　院金谒　编著

中国农业科学技术出版社

图书在版编目（CIP）数据

棉花生产管理技术指南／娄善伟等编著. —北京：中国农业科学技术出版社，2019.10（2024.3 重印）

ISBN 978-7-5116-4464-0

Ⅰ.①棉…　Ⅱ.①娄…　Ⅲ.①棉花-栽培技术-指南　Ⅳ.①S562-62

中国版本图书馆 CIP 数据核字（2019）第 247249 号

责任编辑　崔改泵　院金谒
责任校对　马广洋

出 版 者　中国农业科学技术出版社
北京市中关村南大街 12 号　邮编：100081
电　　话　（010）82109194（编辑室）　（010）82109702（发行部）
（010）82109709（读者服务部）
传　　真　（010）82106650
网　　址　http://www.castp.cn
经 销 者　各地新华书店
印 刷 者　北京建宏印刷有限公司
开　　本　880mm×1 230mm　1/32
印　　张　4.25　彩页　16 面
字　　数　118 千字
版　　次　2019 年 10 月第 1 版　2024 年 3 月第 3 次印刷
定　　价　28.00 元

前　言

棉花是我国重要的经济作物，长江流域棉区、黄河流域棉区和西北内陆棉区是我国传统的三大棉区，但随着我国农业种植结构的调整，长江、黄淮海流域棉区将把扩大粮食生产规模、恢复粮食生产地位放在第一位，棉花种植面积大幅减少，而新疆维吾尔自治区（全书简称新疆）逐渐成为我国最重要和最大的棉区，战略地位也更加重要。回顾历史，新疆棉花经历了快速发展、持续增产、稳固高产三个阶段，自 1988 年起，新疆棉花单产超越全国平均水平，1994 年起，棉花种植面积、总产、单产跃居全国首位后，连续 20 多年保持全国第一，到 2018 年，新疆棉花面积占到全国的 74.3%，总产量占全国的 83.8%，保证了全疆农民人均纯收入的 35%左右来自植棉，全国原棉需求的 2/3 来自新疆。近些年，新疆植棉面积趋于稳定，在追求高产的同时，品质提升越来越被重视，如何在面积不变的情况下，保证新疆棉花质量，除了必需的保持单产水平外，如何改善品质也成为重要内容，因此，提高新疆棉农种植水平，形成一套完善的棉花栽培技术体系，是解决棉花生长中遇到的一些常见问题的关键。同时，由于新疆棉花的突出地位，新疆棉花产业发展的状况将直接影响到我国纺织业的生存与发展，新疆棉花生产水平直接影响到全国棉花产量水平，稳定和保证新疆棉花产量，提高棉花质量，对于保障我国棉花供给安全十分重要，这也是广大科技工作者努力的方向。为了服务农业生产一线，把棉花生产的一些知识及有关问题的解答及时有效地传递给棉农朋友，服务于田间地头，是编写《棉花生产管理技术指南》的初衷。本书主要面向新疆棉区，针对棉花生产中常见的一些问题和棉农存在的困惑提出解答，希望对棉农朋友有所帮助，也希望读者提出宝贵意见，完善棉花生产中出现的问题，并去解决。

编　者

2019 年 8 月

目　录

第一章

棉花基本知识

第一节　基本概念辨析

1. 棉花的定义？

答：棉花是离瓣双子叶植物，属植物界被子植物门双子叶植物纲锦葵目锦葵科木槿亚科棉属。是唯一由种子产生纤维的农作物，一年生或多年生的灌木或小乔木。

2. 棉属种的分类？

答：棉属原产于热带、亚热带的干旱地区和荒漠草原。棉属下分若干种，最早 Linnaeus（1973）根据一般的外部形态特征，将棉属分为 8 种，其后各学者依据形态、生理、细胞、生态、遗传等方面的研究，有多种多样的分类方法。Phillips（1974），主要依据种的染色体数目和它们的地理分布（地理上的起源），将棉属分为 35 个种。其中二倍体种 31 个，包括野生种 29 个，栽培种 2 个；四倍体种 4 个，包括野生种 2 个，栽培种 2 个。也可以说分为 35 个种，除了 4 个栽培种外，其余均为野生种。

3. 棉属的主要特征？

答：棉属的主要形态特征是一年或多年生亚灌木或小乔木，叶片全缘或 3~9 个裂片。下部多为单轴型营养枝，上部多为假合轴型果枝。

4. 棉花的形态特征？

答：一年生草本，高 0.6~1.5 米，小枝疏被长毛，叶阔卵形，直径 5~12 厘米，长、宽近相等或较宽，基部心形或心状截头形，常 3 浅裂，很少为 5 裂，中裂片常深裂达叶片之半，裂片宽三角状卵形，先端突渐尖，基部宽，上面近无毛，沿脉被粗毛，下面疏被长柔毛；叶柄长 3~14 厘米，疏被柔毛；托叶卵状镰形，长 5~8 毫米，早落。花单生于叶腋，花梗通常较叶柄略短；小苞片 3，分离，基部心形，具腺体 1 个，边缘具 7~9 齿，连齿长达 4 厘米，宽约 2.5 厘米，被长硬毛和纤毛；花萼杯状，裂片 5，三角形，具缘毛；花白色或淡黄色，后变淡红色或紫色，长 2.5~3 厘米；雄蕊柱长 1.2 厘米。蒴果卵圆形，长 3.5~5 厘米，具喙，3~4 室；种子分离，卵圆形，具白色长棉毛和灰白色不易剥离的短棉毛，花期夏秋季。(引自百度百科)

5. 棉花的株型怎样划分?

答：棉花株型划分为紧凑型（果枝节间长度 3~5 厘米)、较紧凑型（果枝节间长度 5~10 厘米)、较松散型（果枝节间长度 10~15 厘米）和松散型（果枝节间长度 15 厘米以上）4 种。生产中根据外观由又可分为塔型（叶枝很少，下部果枝较长，上部渐短)、倒塔型（叶枝很少，下部果枝较短，上部渐长)、筒型（几乎无叶枝，上部各果枝长度相仿)、丛生型（主茎较矮，下部叶枝多而粗壮，高度与主茎相近）4 种。

6. 主要生产用的栽培种是哪 4 个?

答：陆地棉、海岛棉（长绒棉)、非洲棉（草棉)、亚洲棉(中棉)，目前中国以陆地棉种植为主，占 90%以上。

7. 棉花的生育期和生育时期区别?

答：生育期是指棉花从出苗到吐絮所需的天数，称为生育期。生育期长短，因品种、气候及栽培条件的不同而异，一般中熟陆地棉品种 130~140 天。而生育时期则是在棉花整个生育过程中，根据器官形成的明显特征和出现的顺序，把棉花一生划分若干时段，每个时段为一个生育时期。

8. 棉花一生经历哪几个时期?

答：是指棉花整个生育过程，分播种出苗期、苗期、蕾期、花铃期、吐絮期 5 个时期。

9. 棉花不同时期的天数是多少？

答：棉花经历的5个生育时期中，播种出苗期：指播种至出苗，需10~15天；苗期：出苗至现蕾，需40~45天；蕾期：现蕾至开花，需25~30天；花铃期：开花至吐絮，需50~60天；吐絮期：吐絮至收花结束，30~70天不等。

10. 如何判断各生育时期及相关定义？

答：棉花各生育时期都有特定的判断界定，具体如下：

棉籽的萌发：指胚根伸长，从珠孔伸出时，称为萌动；

发芽：当胚根与种子等长时称为发芽；

出苗：胚根向下生长，胚轴伸长把子叶推出地面，子叶出土平展称为出苗；

出苗期：全田50%的棉株达到出苗标准，即进入出苗期；

现蕾：当蕾的苞叶宽达3毫米时（肉眼可见），称为现蕾；

现蕾期：全田50%的棉株达到现蕾标准，即进入现蕾期；

盛蕾期：棉株第四台果枝开始现蕾（现蕾后10天左右），棉花现蕾后进入营养生长和生殖生长并进时期；

开花：基部果枝第一朵花开放；

始花期：全田第一朵花开放的日期；

开花期：全田50%的棉株达到开花标准，即进入开花期；

初花期：开始开花到盛花期（开花后10天左右）的这一段时间；

盛花期：棉株第四台果枝开始开花；

吐絮：棉株基部任一果枝第一个棉铃开裂露出白絮；

吐絮期：全田50%的棉株基部任一果枝第一个棉铃吐絮。

11. 三桃怎样划分？

答：棉铃按结铃时间，可划分为伏前桃、伏桃和秋桃，总称为三桃。7月15日以前所结的成铃（棉铃直径达2厘米）为伏前桃；7月16日到8月15日所结的成铃为伏桃；8月16日以后所结的成铃为秋桃。

12. 什么是霜前花？

答：生产上常将严霜后5天以前所收的棉花，称为霜前花；严霜后5天以后所收的棉花称为霜后花。

13. 不同类型品种的生育期及霜前花率？

答：根据棉花生育期的不同，把棉花品种分为：早熟品种、中早熟品种、中熟品种、中晚熟和晚熟品种，它们之间划分略有差异，我国生产上很少使用晚熟品种。一般在黄河与长江流域棉区的陆地棉品种，早熟的短季棉品种的生育期为110~115天，中熟品种为130~140天，生育期在120~125天的品种为中早熟品种，生育期在150天以上的为晚熟品种，生育期为140~150天的为中晚熟品种。

不同类型品种的生育期及霜前花率

品种	生育期（天）	霜前花率（%）
早熟品种	110~120	90以上
中早熟品种	120~130	80~90
中熟品种	130~140	70~80
中晚熟品种	140~150	60~70
晚熟品种	150~154	60以下

14. 什么是衣分、衣指和籽指？

答：衣分是指皮棉重占籽棉重的百分数；衣指即100粒籽棉的纤维重（克）；籽指即100粒干棉籽的重量，一般为9~12克，用来表示棉籽的大小。

15. 影响纱线布匹质量的品质指标有哪些？

答：棉纤维的长度、细度、强度、整齐度、成熟度、色泽等经济性状直接影响纱线布匹质量。

16. 为何纤维长度的整齐度影响纺纱？

答：纤维长度对成纱品质所起作用也受其整齐度的影响，一般纤维愈整齐，短纤维含量愈低，成纱表面越光洁，纱的强度提高。

17. 为何纤维细度影响纺纱？

答：纤维细度与成纱的强度密切相关，纺同样粗细的纱，用细度较细的成熟纤维时，因纱内所含的纤维根数多，纤维间接触面较大，抱合较紧，其成纱强度较高。同时细纤维还适于纺较细的纱支。但细度也不是越细越好，太细的纤维在加工过程中较易折断，也容易产生棉结。

18. 什么是纤维强度？

答：纤维强度指拉伸一根或一束纤维在即将断裂时所能承受的最大负荷，一般以克或克/毫克或磅/毫克表示，单纤维强度因种或品种不同而异，一般细绒棉多在 3.5~5.0 克，长绒棉纤维结构致密，强度可达 4.5~6.0 克。

19. 什么是纤维成熟度？

答：棉纤维成熟度是指纤维细胞壁加厚的程度，细胞壁愈厚，其成熟度愈高，纤维转曲多，强度高，弹性强，色泽好，相对的成纱质量也高；成熟度低的纤维各项经济性状均差，但过熟纤维也不理想，纤维太粗，转曲也少，成纱强度反而不高。

20. 什么是转基因棉？

答：转基因棉花是指把其他物种中的有用基因导入棉花的基因组后，获得了该基因功能的棉花。1990 年，美国利用生物技术，合成 *Bt* 杀虫基因，导入棉花获得抗虫转基因棉花，成为世界上第一个拥有转基因抗虫棉的国家。我国“抗虫棉”研究在“七五”期间开始进行，“八五”期间，在“863”计划资助下，人工合成的 *CryIA*（*b*）和 *CryIA*（*c*）杀虫基因导入我国棉花主栽品种获得成功。

21. 什么是有机棉？

答：有机棉这一名词是从英文 Organic Cotton 直译过来的。在国外其他语言中也有叫生态棉或生物棉的。有机棉生产中，以有机肥生物防治病虫害自然耕作管理为主，不许使用化学制品，从种子到农产品全天然无污染生产。并以各国或 WTO/FAO 颁布的《农产品安全质量标准》为衡量尺度，棉花中农药重金属硝酸盐有害生物（包括微生物、寄生虫卵等）等有毒有害物质含量控制在标准规定限量范围内，并获得认证的商品棉花。有机棉的生产方面，不仅需要栽培棉花的光、热、水、土等必要条件，还对耕地土壤环境、灌溉水质、空气环境等的洁净程度有特定的要求。中国新疆自20世纪90年代末开始种植有机棉，2000年进入常规地转换有机棉地面积4 000多亩（15亩=1公顷。全书同），当年获得通过认证的有机棉转换产品20多吨。2001年进入有机棉生产，面积7 000亩，获得有机棉认证产品60多吨。2002年有机棉种植面积约1.1万亩，产量90~100吨。2003年新疆有机棉生产面积接近1.5万亩，总产量约600吨，沃尔玛和Nike公司均在新疆采购有机棉。未听说在中国其他地方种植。

第二节　棉花植株构成及其特征特性

22. 棉花植株的构成？

答：由根、茎、叶、叶枝、果枝、蕾、花、铃等器官构成。

23. 棉花根系的特性？

答：棉花的根系为直根系，由主根、侧根、支根和根毛组成。棉花是深根作物，主根入土深，侧根分布广。主根入土深度可达2米以上。侧根主要分布在地表以下10~30厘米土层内，上层侧根扩展较长，一般可达60~100厘米，往下渐短，形成一个倒圆锥形的强大根系网。目前新疆滴灌棉田，棉花根系主要分布在0~40厘米土层。

24. 棉花茎的特征？

答：棉花的主茎由节和节间组成，着生叶片的地方称作节，节与节之间叫节间。生产上，常用节间的长短来衡量棉花生长的状况，判断是否稳健。一般生长稳健的棉株，节间较短，徒长的棉株节间较长。茎的颜色生长前期呈绿色，以后随着茎秆逐渐生长、成熟，由下向上逐渐变为红色。

25. 棉花叶的特征？

答：棉花的叶分为子叶、先出叶和真叶。子叶2片，一般呈肾形或茧形，对生在子叶节上为不完全叶，是棉苗长出3片真叶前棉株的主要光合器官和棉籽萌发出苗所需养分的主要来源；先出叶又叫前叶，位于枝条基部的左侧或右侧，叶形多为披针形或长椭圆形，易脱落，存活10~30天，为不完全叶；真叶有主茎叶和果枝叶，叶片为掌状，通常有3~5裂或更多，为完全叶。一般主茎第一真叶全缘，面积小，出生慢，第二真叶略现缺刻，第三真叶以后具明显的掌状裂片，通常有3~5裂片，多时达7裂片。

26. 棉籽的外形？

答：根据棉籽短绒的有无及着生情况，棉籽分为毛籽、光籽和端毛籽3种形态。

27. 什么叫光籽？

答：光籽是指棉籽外无短绒（海岛棉多为光籽）。

28. 什么叫毛籽？

答：指棉籽外密被一层短绒（陆地棉多为毛籽）的棉籽。

29. 什么叫端籽？

答：指在种子两端和种背上长有短绒。

30. 棉花有哪些特征习性？

答：喜温、好光性；无限生长性；根系发达、耐旱、再生能力强；营养生长与生殖生长并进、重叠期长；可塑性强，单株产量潜力大，但蕾铃脱落严重。

31. 棉种发芽要经历哪几个过程与条件？

答：棉花种子发芽要经历吸水膨胀、贮藏物质分解分化、胚细胞生长与分化3个过程。所以，必须要保证适宜的温度、水分和所需的氧气。

32. 棉籽发芽所需的水分要求？

答：种子发芽需要吸收相当于种子重量60%以上的水分。生产中，一般土壤水分为田间持水量的70%左右时（约灌15立方米水），发芽率高，出苗快；若土壤水分低于田间持水量的45%时，则发芽率低，出苗慢。

33. 棉籽发芽为什么需要氧气？

答：棉籽内含有丰富的蛋白质和脂肪，要有充足的氧气才能增强呼吸作用和酶的活动，将不可溶性物质转化为可溶性物质，供发芽出苗需要。即有氧气才能制造发芽所需的养分。

34. 棉籽发芽所需的温度要求？

答：棉籽发芽的最低温度为10.5～12℃，适宜温度为28～30℃，最高温度为40～45℃。在临界温度范围内，温度越高，发芽越快。12～15℃，需要15～20天；15～20℃，需要10～15天；20～25℃，需要6～10天；25～30℃，需要3～6天。生产中最低出苗温度为14℃，适宜出苗温度为18～22℃。

35. 棉花各生育阶段与温度的关系？

答：棉花的生长与温度密切相关，不同生育阶段对温度的具体要求如下：

苗期：下限温度10℃，低于10℃棉籽不能出苗，低于17℃，幼苗生长缓慢，最适温度17～30℃。

现蕾期：下限温度19℃，最适宜温度25℃，日平均气温19～30℃均在现蕾的适宜温度范围内，日平均气温低于19℃棉花不现蕾，高于30℃现蕾速度减慢。

开花—结铃期：下限温度20℃，最适宜温度25℃，日平均气温22～27℃均为现蕾的适宜温度。上限温度日平均气温30℃，最高气温35℃。

吐絮期：下限温度16℃，最适宜温度20℃，上限温度32℃。

36. 棉花根系与温度的关系？

答：棉花根系最适宜温度为27℃，14.5℃以下停止生长，33℃以上受到高温危害。

37. 棉花根系的生长需几个阶段？

答：需经根系发展期（萌发—现蕾）、生长旺盛期（蕾期）、吸收高峰期（花铃期）、活动机能衰退期（吐絮期）。从萌发到现蕾，根系生长每天可达2厘米。子叶展开、基部出现红点以前，长

出侧根；从现蕾到开花，主根生长加快，侧根迅速扩展达到高峰。花铃期后根系吸收水分和养分的能力最强，但发根能力逐渐下降；吐絮期以后，根系活动机能逐渐衰退，吸收养分和水分的能力逐渐下降。

38. 棉花茎和叶的生长与温度的关系？

答：棉花主茎生长快慢，受温度、水分、养分、光照等条件的影响。棉花的茎枝生长发育的适宜温度为 20～30℃，温度低于 19℃时，果枝发育受到抑制。一般现蕾后，温度在 25℃左右时，主茎每长一节或出现一个果枝需 3 天左右；果枝每长一节需 6 天左右。而叶片，气温在 14℃时，约 20 天开始长出第一片真叶；16～19℃时，8～15 天开始长出第一片真叶；20～25℃时，3～8 天长出一片主茎叶；26～30℃以上时，1.5～3 天长出一片主茎叶，现蕾后，3～5 天长出一片真叶。

39. 棉花株型分为哪几类？

答：棉花株型分为 4 类：

（1）塔型：棉花植株下部大、上部较小。

（2）倒塔型：棉花植株下部小、上部大。

（3）筒型：棉花植株上下大体一致。

（4）丛生型：棉花植株下部很大、上部较小。

40. 棉花果枝有哪几个类型？

答：棉花果枝分为 3 种类型：零式果枝、一式果枝、二式果枝。零式果枝和一式果枝属于有限果枝类型；二式果枝属于无限果枝类型。

（1）零式果枝型：果枝不促长，无果节，棉铃直接着生于主茎中腋向。这种零式果枝型的品种群众称为“猴爬杆”“霸王鞭”。

（2）一式果枝型：只有一个果节，节间很短，棉铃常丛生于果枝顶端。以上 2 种都属于有限果枝型。

（3）二式果枝型：具有多种的果枝，并且可能不断延伸增节，又称无限果枝型。此种果枝型的棉花株型，又可根据节间的长短进一步划分为紧凑型（果枝节间长度3～5 厘米）、较紧凑型（节间长度 5~10 厘米)、较散型（节间长度 10~15 厘米）和松散型（节间长度 15 厘米以上)。我国大面积种植的陆地棉品种大都属于较紧凑型和较松散型。有些长果枝的海岛棉品种属松散型。

41. 棉花叶枝和果枝的区别?

答：棉花的分枝有叶枝和果枝两种。叶枝是营养枝，一般着生在主茎下部第 6~7 节位以下，单轴分支，其上叶片呈螺旋状排列，第一节间不伸长，其余伸长，蕾铃间接着生在二级果枝上。果枝一般在主茎第 5~6 节位以上，合轴分支，叶片左右对生，直接结蕾铃，奇数节位不伸长，每株可长 10~15 台果枝。

区别：

（1）果枝花蕾多。叶枝枝条旺，花蕾少。

（2）果枝生长在主茎上部各节间上。叶枝是有侧芽生成。

（3）果枝与主茎所成夹角大。叶枝与主茎夹角小。

（4）果枝直接现蕾、开花、结铃。叶枝间接现蕾、开花、结铃。

在生产管理中，要认真做好棉花不同生育期的化调及水肥应用管理，控制营养枝生长量，减少与果枝争营养的能力，确保棉花的品质和产量。

42. 棉花叶片的叶龄?

答：棉花叶片的叶龄可达 70~90 天，其中以出生 21~28 天的光合效率最高，超过 60 天的光合作用效率大大降低。

43. 棉花叶片叶序和现蕾顺序?

答：棉花的叶序为 3/8 螺旋式，8 片真叶绕主茎 3 圈（见下页图)。棉花现蕾的顺序是由下向上，从内向外，以第一果枝第一果节为中心，呈螺旋曲线由内圈向外围发展现蕾。

44. 棉花花的特点?

答：棉花现蕾后，经 22~28 天后开花，花药 24 小时内活力较强，当日 9：00—11：00 时最高，最适温度 20~30℃，开花当天下午花冠开始变红，次日加深呈紫红色，并逐渐凋萎，3 天后脱落。棉花的花为两性完全花，单生，除花梗外，每朵花还包括苞片、花

萼、花冠、雄蕊和雌蕊。棉花为常异花授粉作物（天然杂交率为5%～20%），以自花授粉为主。

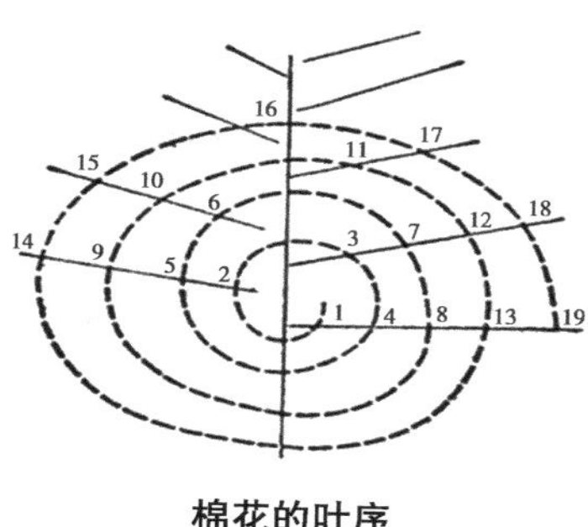

棉花的叶序

45. 棉花授粉的条件？

答：棉花授粉、受精时，一般以天气晴朗微风，空气湿度60%～70%和温度25～30℃时最为适宜。开花时遇雨，花粉粒吸水膨胀破裂，丧失活力。温度低于15℃或高于35℃，也会使花粉粒的生活力降低，阻碍受精。未受精的子房就会脱落。

46. 棉花受精过程？

答：棉花开花后，花粉粒落到柱头上，称为授粉。棉花以自花授粉为主，因花大色艳，又有蜜腺，能引诱昆虫传粉，所以也有一部分是异花授粉的。一般异花授粉率达2%～12%，故称棉花为常异花授粉作物。授粉后，花粉粒便在柱头上萌发，约在1小时内即可伸出花粉管，开始受精过程。从授粉到受精结束，一般需24～30小时。没有受精的胚珠，就很快死亡成为不孕籽。

47. 蕾铃脱落有规律吗？

答：蕾铃脱落中陆地棉脱落率最高，中棉次之，海岛棉最低；落铃率高于落蕾率，落蕾与落铃比例约为2：3。一般现蕾以后11～20天蕾的脱落最多，20天以上的大蕾脱落的较少。棉铃开花后3～8天的幼铃最容易脱落，以3～5天为最多，10天以上的幼铃很少脱落。

48. 蕾铃脱落的影响因素？

答：（1）品种因素：同等条件下，由于品种不同，蕾铃脱落的程度也不尽相同。

（2）施肥因素：氮肥不足或过多、缺磷、缺钾、缺硼、缺钼都会影响棉花蕾铃的脱落。

（3）密度因素：密度过大往往造成植株生长过旺、封垄过早，因田间郁蔽而引起蕾铃大量脱落。

(4) 化控因素：很多棉农“平时不控、旺了狠控”，导致棉株营养生长与生殖生长的失调，前期旺长、后期脱肥，蕾铃脱落严重。

(5) 病害和虫害因素：枯、黄萎病的发生（降水偏多，发病较重），往往导致蕾铃大量脱落。棉农对棉花害虫防治偏晚、重病轻防造成害虫防治不到位，引起蕾铃脱落。

(6) 气候因素：干旱、高温、高湿、光照不足等不利棉花生长的气候条件，造成棉花蕾铃脱落。同时，这些不良环境条件，会破坏花粉和授粉受精过程，使子房不能受精而脱落。

(7) 生理因素：棉铃内含有的脱落酸、乙烯等内源激素，这些脱落酸能在棉花开花后 3 天含量大增，开花后 10 天达到高峰，此时棉花落铃最多。

49. 什么是生理性脱落?

答：生理性脱落是指棉花发生自然蕾铃脱落的现象，一般是由其自身机理引起的，占总脱落率的 70%左右。造成生理脱落的因素很多，主要有以下几点：

(1) 引起棉株体内有机养料不足或分配不当，使蕾铃得不到充足的有机养料而脱落。在外界环境条件中，对生理脱落影响最大的是肥、水、光、温等因素。

(2) 没有受精。未受精的幼铃，由于生长代谢强度弱，吸收养分能力差，必然导致脱落。影响受精的原因很多，开花时遇到降雨、高温、干旱等不良环境条件，都会破坏花粉和授粉受精过程。

(3) 植物激素平衡失调。棉株体内含有生长素、赤霉素、细胞分裂素、脱落酸和乙烯五大类内源激素。这些激素类物质含量发生改变后，会使激素之间失去平衡状态，引起蕾铃脱落。

50. 什么是机械损伤脱落?

答：棉花生长期中，由于田间操作管理不慎，或者遭到冰雹、暴风雨等的袭击，都会损伤枝叶或蕾铃，引起蕾铃脱落。

51. 棉铃发育经历的阶段？

答：棉铃由铃壳、种子和纤维三大部分构成。棉铃由受精后的子房发育而成，称蒴果，陆地棉一般多为 4~5 室，海岛棉与中棉多为 3~4 室。铃内每室有种子 9~11 粒，其上着生纤维。棉铃的发育过程经历体积增大（20~30 天）、内部充实（25~35 天）、开裂吐絮（5~7 天）3 个阶段。种胚在 12~15 天即发育成完整的胚，以后胚的各部分迅速累积干物质，至开花受精后 50 天左右，种子干重达最大值。

52. 棉纤维发育经历的阶段？

答：棉纤维的发育过程可分为伸长期、加厚期和扭曲期 3 个时期。伸长期：棉花开花后第 2 天纤维初生细胞开始伸长，受精后 5~15 天伸长最快，25~30 天纤维达最后长度。加厚期：棉纤维加厚一般从开花后 20~25 天开始，每天淀积一层，直到裂铃时停止，需 25~35 天。扭曲期：此期一般在棉铃开裂后 3~5 天完成。

53. 棉籽是否有休眠现象？

答：陆地棉种子有短期的休眠期，海岛棉种子无休眠期。

54. 棉花的产量构成？

答：皮棉产量是由每亩总铃数、单铃重及衣分 3 个因素构成。每亩总铃数由亩株数和单株铃数构成。

55. 棉纤维的构成？

答：棉纤维是棉花种子的表皮毛，是由胚珠外珠被表皮层的单个细胞经伸长、加厚分化发育而成，不同于一般的韧皮纤维。棉纤维以纤维素为主，占干重的 93%~95%，其余为纤维的伴生物。

56. 棉花抗逆性指什么？

答：棉花种质资源对各种非生物威胁的适应或者抵抗能力，包括耐盐性、抗旱性、耐涝性。

57. 棉花抗病虫性指什么？

答：棉花种质资源对各种生物威胁的适应或者抵抗能力，包括黄萎病、枯萎病、立枯病、蚜虫、棉铃虫、棉叶螨等。

第三节　棉花种植水肥需求

58. 棉花一生所需要的水分大约为多少？

答：亩产 50 千克皮棉的棉田总耗水量为 300~400 立方米，亩产 100 千克皮棉则总耗水量为 450 立方米左右，所以，常规灌棉田每亩需水量为 450~550 立方米。现在生产中采用滴灌等节水技术，滴灌用水 240~360 立方米，总耗水量大大降低，300 立方米左右可实现亩产 150 千克皮棉用水需求。棉花不同生育时期需水量也不同，总趋势是与棉花生长发育的速度相一致。

59. 棉花各生育阶段的需水量？

答：除了冬灌用水约 100 立方米，或者干播湿出滴水约 15 立方米外，其他用水如下：

苗期：占总量的 15%以下，田间持水量 55%~70%为宜，无特殊情况基本不需要浇水。

蕾期：占总量的 15%~20%，田间持水量 60%~70%为宜，灌水量 60~80 立方米。

花铃期：占总量的 45%~65%，田间持水量 70%~80%为宜，灌水量 180~220 立方米。

吐絮期：占总量的 10%~20%，田间持水量 60%为宜，可不灌水，8 月底进入吐絮的最多灌一次水，不超 15 立方米。

60. 棉花种植的灌溉方式？

答：目前，棉花灌溉方式主要分为常规漫灌和滴灌两种。

漫灌是在田间不做任何沟埂，灌水时任其在地面漫流，借重力作用浸润土壤，是一种比较粗放的灌水方法。灌水的均匀性差，水量浪费较大。

滴灌是利用塑料管道将水通过直径约 10 毫米毛管上的孔口或滴头送到作物根部进行局部灌溉。它是目前干旱缺水地区最有效的一种节水灌溉方式，水的利用率可达 95%。滴灌较喷灌具有更高的节水增产效果，同时可以结合施肥，提高肥效一倍以上。

61. 有机棉种植的用水量与普通棉有无区别？

答：有机棉和普通棉种植用水量无显著区别。

62. 棉花需氮、磷、钾情况？

答：棉花亩产皮棉 100 千克，需要纯氮 13.5 千克、磷（五氧化二磷）5 千克、钾（氧化钾）9.5 千克、镁 2.6 千克、硫 2.3 千克。目前生产中，亩施纯氮 18~22 千克（尿素 40~48 千克）、磷（五氧化二磷）12.5~14.5 千克（52%的磷酸一铵 24~28 千克）、钾（氧化钾）7~9 千克（52%硫酸钾 13~17 千克）。

63. 棉花缺氮症状？

答：棉花缺氮症状表现为幼苗叶片呈苍白的淡黄绿色，随着植株的生长而变为黄色，以后常呈不同色度的红色，最终形成褐色，叶片干枯，过早地脱落。由于初生茎的生长在早期受到抑制，植株矮小，发育迟缓。植株叶片数量、叶枝减少，果枝少而短，中上部棉铃形成受到影响。症状易表现于幼苗期、花铃期。

64. 棉花缺磷症状？

答：棉花缺磷较严重时，导致植株生长发育迟缓，且叶片较小，植株茎秆细、脆弱，较正常植株矮小，根系生长量降低，结铃和成熟都延迟，成铃少、产量低、品质差。

65. 棉花缺钾症状？

答：苗期、蕾期缺钾，生长显著延迟，叶缘向上或向下卷起，叶脉间出现明显的褐色、红褐色小斑点，通常是中、上部叶片的叶尖、叶边缘发黄，进而叶肉呈斑块状失绿、发黄、变褐色、变焦枯，叶片逐渐枯死脱落。花铃期缺钾，棉株中上部叶片从叶尖、叶缘开始，叶肉失绿而变白、变黄、变褐，继而呈现褐色、红色、橘红色坏死斑块，并发展到全叶，通常称之为“红叶茎枯病”。由于棉叶上常产生锈褐色坏死组织，也有的称之为“棉锈病”。严重时，全株叶片逐渐枯焦脱落，只剩下主茎、果枝和棉铃，成为“光秆”。

66. 棉花生长需要哪些微量元素？

答：有锌、硼、锰、钼、铜、铁等。

67. 棉花缺各种微量元素的表现?

答:(1) 缺铁症状易发生于新生叶片。表现为“缺绿症”或“失绿症”,开始时幼叶叶脉间失绿、叶脉仍保持绿色,以后完全失绿,有时,一开始整个叶片就呈黄白色;茎秆短而细弱,多新叶失绿、老叶仍可保持绿色。

(2) 缺铜易发生于植株新生组织,植株矮小,失绿,植株顶端有时呈簇状,严重时,顶端枯死。

(3) 缺钼症状易发生于苗期到现蕾的植株新生组织,老叶失绿,植株矮小,叶缘卷曲、叶子变形,以至干枯而脱落;有时导致缺氮症状,蕾、花脱落,植株早衰。

(4) 缺锰症状易发生于现蕾初期到开花的植株上部及幼嫩叶片。幼叶首先在叶脉间出现浓绿与淡绿相间的条纹,叶片的中部比叶尖端更为明显;叶尖初呈淡绿色,在白色条纹中同时出现一些小块枯斑,以后连接成条的干枯组织,并使叶片纵裂。

(5) 缺硼症状易发生于现蕾到开花的新生组织上。在苗期、蕾期即有表现,主要是叶片变厚增大、变脆,色暗绿无光泽,主茎生长点受损,腋芽丛生,上部叶片萎缩。至蕾铃期脱落严重,“蕾而不花”,开花也难成桃,但病症却最早出现在叶片上。潜在缺硼时,叶柄上可能出现环节。

(6) 缺锌症状易发生在花铃期的老叶上。从第一真叶开始,幼叶即呈现青铜色,叶脉间明显失绿,变厚变脆易碎。叶缘向上卷曲。叶间缩短,植株矮小呈丛状,生长受阻,结铃推迟,蕾铃易脱落。

第四节 棉花分布与种植情况

68. 棉花生长的自然条件?

答:(1) 光照条件。棉花是喜光作物,适宜在较充足的光照条件下生长,棉花光补偿点和光饱和点均较高,棉花光饱和点7万~8万勒克斯,一般情况下,棉花叶片对光强的适宜范围为8 000~

70 000 勒克斯，此范围下，光合强度随光强增加而提高；棉花一生需要≥10℃的活动积温，早熟品种需 3 300~3 500℃，中熟品种需 3 500~ 3 900 ℃，晚熟品种需 3 900 ℃以上；一生耗水量 450~650 立方米。新疆棉花多为早中熟、早熟及特早熟品种，对光照长度反应不敏感。

（2）水分条件。水分是棉花体内的重要组成成分，棉花生长需要从土壤中吸收水分。棉花各生育阶段生理需水要求为：播种至出苗，0~20 厘米土层含水量占田间持水量的 70%~80%为宜；苗期，0~40 厘米土层含水量占田间持水量的 60%~70%为宜；初蕾期，0~60 厘米土层含水量占田间持水量的 65%~75%为宜；盛蕾期后，0~80 厘米土层含水量占田间持水量的 70%~80%为宜，不能低于 60%~65%；吐絮期，土壤相对含水量保持在 55%~70%为宜。根据有关研究，棉田在整个生育期约有 2/3 的水分消耗于蒸腾，1/3 消耗于土地蒸发。

（3）土壤条件。棉花生长发育需要水分和养料，主要通过根系从土壤中获得，所需的温度和空气部分取自土壤，同时需要土壤的机械支撑才能生长。棉田土壤的理化、生物属性的好坏，很大程度上制约着棉花的产量和品质。土壤水分、养分、温度、空气、盐碱含量、质地等均对棉花生长有很大的影响。

69. 土壤条件对棉花生长发育有何影响?

答：棉花是深根作物，需要深厚的活土层。搞好深耕，适当加深耕作层，促进主根深扎、扩大侧根分布层，从而防止早衰、增强抗倒能力，均有显著作用。棉田土壤的理化、生物属性的好坏，很大程度上制约着棉花的产量和品质。棉花生长发育需要水分和养料，主要通过根系从土壤中获得，所需的温度和空气部分取自土壤，棉籽发芽的最低温度为 10. 5~12℃，适宜温度为 28~30℃，最高温度为 40~45℃，同时还需要土壤的机械支撑才能生长。

种植棉花要求地下水位最好在 1. 5 米以下，地下水位过高，常限制主根深扎。种植棉花土壤通透性能要好，使根系健壮发育。一般耕层土壤容重应经常保持在 1. 0~1. 2 克/立方厘米，尽量不超过

1.3克/立方厘米，并使土壤空气保持在30%左右，这样就能使水、气协调，确保根系旺盛生长。

种植棉花土壤酸碱度以pH值为6.5~8.0为宜，即中性至微碱性。土壤过酸，能刺激新根肿胀，致使皮层过早破裂，若pH值小于5.2，棉根便不能忍受；土壤过碱，则会腐蚀新根皮层，进而损害维管柱输导功能，导致死苗，一般棉苗耐碱限度不超过pH值9.0。

棉苗耐盐能力随苗龄增长、根系逐步木质化有提高趋势。土壤含盐量在0.15%~0.20%以下时，棉苗尚能正常生长；含氯化物盐类超过0.25%或含硫酸盐超过0.40%时，棉苗根生长受到抑制。

为了更好地满足棉花对土壤条件的要求，一方面应注意培肥地力、加深耕层、改良土壤，搞好高产稳产农田基本建设；另一方面还要采取松土、施肥、排渍、灌水等耕作措施，随时调节土壤的水、肥、气、热等状况，以改善根系活动的环境。

70. 影响棉花产量的自然灾害有哪些?

答：影响棉花生长和发育的灾害主要有2种：一是气象灾害，如雨涝、冰雹、干旱、冻害、风沙等；一是病虫害，如棉花枯黄萎病、棉花铃病、各种虫害等。新疆地区春节低温和风沙灾害比较严重。

71. 棉花的主要用途有哪些?

答：棉花是纺织、精细化工原料和重要的战略物资。棉纤维可作为衣着原料，还可用于生产各种特用织品，如传动带、电线包布、帆布、降落伞布及胶布等；不宜用于纺织的低级棉，可用做絮棉，或制成脱脂棉；棉短绒是宝贵的工业原料，可生产棉毯、绒衣、人造丝、人造毛等；棉籽壳是生产多种食用菌和药用菌十分经济的天然培养基；棉籽还可以制作棉籽油；棉籽仁的脂肪含量在35%以上，榨油后的棉籽饼可作饲料和肥料；棉秆可提取棉秆纤维，以制造麻袋和绳索，也适于造纸或生产人造纤维。

72. 棉花分布的纬度范围?

答：全世界在南纬32°到北纬47°之间均有棉花种植，其中北

纬 20°~40°最为集中，按照纬度和收花期可分为包括亚洲大部、北美洲、欧洲和非洲北部的北带，包括中美洲、南美洲北部、亚洲南部及非洲中部的中带和包括南美洲大部、中美洲南部和大洋洲的南带，其中北带棉花面积最大，约占 80%。目前我国有些棉花种植区域已经突破了北纬 47°限制。

73. 生产中主要的棉花类型？

答：生产中 90% 以上种植的是陆地棉，根据生育期的长短，主要分早熟品种、中早熟品种、中熟品种和晚熟品种。长江流域棉区品种以中熟为主，其次为中早熟或早熟品种；黄河流域品种多为春播套种的中熟品种，以及部分的夏播早熟品种；西北内陆棉区以早熟品种为主，新疆南疆以中熟品种和中早熟品种为主，北疆以早熟品种和中早熟品种为主。根据育种的方式，可分为常规种、杂交种和转基因品种，目前新疆以常规种为主，禁止使用转基因品种。另外，新疆有少量长绒棉种植。

74. 我国的主要植棉地区和植棉面积？

答：我国适宜种植棉花的区域广泛，棉区范围大致在北纬 18°~46°，东经 76°~124°，即南起海南岛三亚，北抵新疆的玛纳斯河流域，东起台湾、长江三角洲沿海地带和辽河流域，西至新疆塔里木盆地西缘，全国除西藏、青海、内蒙古、黑龙江、吉林等少数省（自治区）外，都能种植棉花。根据棉花对生态条件的要求，结合棉花生产特点，以及棉区分布状况、社会经济条件和植棉历史，20 世纪 50 年代将全国划分为五大棉区：黄河流域棉区、长江流域棉区、西北内陆棉区、北部特早熟棉区和华南棉区。近些年，根据不同区域棉花种植的变化情况，棉田主要集中在三大棉区：长江流域棉区、黄河流域棉区和西北内陆棉区（新疆棉区）。据统计，2016 年，全国棉花实际播种面积 5 064. 2 万亩，亩皮棉单产 105. 5 千克，全国棉花总产 534. 3 万吨（国家统计局公告）。

75. 世界上主要的棉花生产国情况？

答：据国际棉花咨询委员会 1998 年统计，全世界有 150 多个国家植棉，主要集中在亚洲和美洲。2000 年以后，世界上主要的棉花生产国有 70 多个，第一产棉区在亚洲大陆南半部，包括中国、印度、巴基斯坦、中亚、外高加索和部分西亚国家，棉花总产量占世界棉花总产量的 50% 以上；第二产棉区位于美国南部，棉花产量占世界棉花总产量的 20%以上，是世界棉花的最大出口区；第三产棉区位于拉丁美洲，棉花产量约占世界总产量的 10%；第四产棉区是非洲，是世界高品级长绒棉的主产区。2010—2016 年，全球棉花种植面积基本稳定在 4.6 亿~5.0 亿亩，亩皮棉单产在 50~52 千克，总产量维持在 2 400 万~2 600 万吨。中国、印度、美国、巴基斯坦、乌兹别克斯坦、巴西、土耳其、澳大利亚、希腊、叙利亚等国一直位居世界棉花生产国前列，是世界主要的棉花生产国，面积占到总面积的 81%以上，产量占总产的 88%以上。中国是世界上最大的棉花生产国和消费国，也是世界最大的棉花进口国，美国是世界第一大棉花出口国，印度植棉面积最大，是世界第二大棉花出口国，澳大利亚皮棉单产全球最高达到 2 038 千克，巴西和中国单产分列第二位和第三位，墨西哥紧随其后位列第四。

76. 内地棉花品种在新疆种植注意事项？

答：内地品种与新疆当地品种相比较早熟性要差，在光照好、积温高的年份丰产性好，在积温低的年份，容易造成吐絮晚而减产；其次，内地品种的耐密性差。

第二章

棉花生产资料选择与播种技术

第一节　播前土地准备

77. 土壤的组成？

答：土壤矿物质是岩石经过风化作用形成的不同大小的矿物颗粒（沙粒、土粒和胶粒）。土壤矿物质种类很多，化学组成复杂，它直接影响土壤的物理、化学性质，是作物养分的重要来源之一。土壤由矿物质和腐殖质组成的固体土粒是土壤的主体，约占土壤体积的50%，固体颗粒间的孔隙由气体和水分占据。土壤气体中绝大部分是由大气层进入的氧气、氮气等，小部分为土壤内的生命活动产生的二氧化碳和水汽等。土壤中的水分主要由地表进入土中，其中包括许多溶解物质。土壤中还有各种动物、植物和微生物。

矿物质是土壤的物质基础，是矿物养分的主要来源；有机质集中在表层，是肥力高低的重要标志；有机质与矿物质构成固相。水分为液相，空气为气相，二者彼此消长，影响热量。土壤肥力最终取决于水、肥、气、热4个因素之间的协调程度，以及能否满足植物生长过程的需求。

78. 棉花生产对土地的基本要求？

答：棉花适应性强，耐旱而忌渍涝，轻度耐碱，对各种土质不同肥力的土壤要求不十分严格，但适合沙质壤土。一般不同容重在1.1~1.4克/立方厘米，土壤通透性能良好，土壤空气保持在30%左右，总含盐量不超过0.3%的土壤均可种植棉花。

79. 棉花种植土地的选择？

答：种植棉花的土壤可以分黏土、壤土和沙土，以壤土最好。

棉花种植要选择基础设施完善，灌溉方便，有系统管网、渠道及渠系建筑物分布的地方，排渍良好，同时交通方便的田块。

80. 怎么压盐碱？

答：灌溉压盐碱分冬灌和春灌，在田间灌水 120～250 立方米（可根据实际增减灌水量），对土壤中的盐进行淋洗，以洗盐深度 80 厘米以下，土壤总盐<0.3%，注意要不串灌，不跑水。

81. 土地怎样平整？

答：土地平整要坚持“七字”标准，即“墒、松、碎、齐、平、净、直”。墒，代表土壤湿度，土壤要有足够底墒和表墒；松，指土壤紧实度，要上松下实，无中层板结；碎，指土块团粒破碎程度，要求表土细碎，无大于 2 厘米的土块；齐，指地块周边整齐度，要求整地到头到边，达到角成方，边成线；平，指地块表面平整度，要求地面平整无沟坎，坡度小于千分之三；净，指田间杂物干净程度，要求地块无残膜、石块、草根等，田间整洁；直，指整地平直度，要求整地线路端直正确，无重无漏。犁地时，深度 20～25 厘米，可加大犁地深度至 30～40 厘米，做到耕深一致无飘犁，翻垡良好无垄沟，田间横、直埂要破平犁透，固定高渠埂，必须修直，以利于犁地和播种。实际操作中存在难度，但尽量接近上述要求。

82. 播前如何除草？

答：播前可每亩用除草剂 33%二甲戊灵 EC（施田补）200～250 毫升，均匀喷洒，干播湿出的可适当增加用量，也可用 48%氟乐灵 100～120 克处理，播前 3～5 天用药（怕光，适合小面积田块）。另外，扑草净、氯氟吡氧乙酸等都可以作用在棉田播前除草，田间龙葵较多可亩用 100～150 克二甲戊灵和 100 克扑草净混合使用。

第二节　播前种子准备

83. 品种的选择？

答：新疆北疆一般选早熟品种，120～125 天，南疆选早中熟品

种，一般 130~135 天。另外，品种选择要遵循：①国家审定的品种；②符合质量要求；③适应当地条件；④该区域有过相关品种种植。

84. 种子的选择？

答：选择饱满、粒大、充分成熟的种子，去除瘪籽、异籽、烂籽及毛头多的种子，种子纯度不低于 95%，净度不低于 99%，发芽率不低于 85%，最好 90% 以上，破碎率小于 1%，水分不高于 12%。

85. 种子的处理？

答：播前可以适当晒种，能增强种子发芽势；其次包衣，包衣的种子不能进行暴晒，要晾干，一般先拌杀虫剂再拌杀菌剂，可用吡虫啉等杀虫剂，如 70%的高巧用药 10 克，对水 1.5~2 千克，浸泡 2 千克棉种，杀菌剂采用福美双萎锈灵或者福美多菌灵甲基立枯灵，按要求拌种，或用 70%的甲基托布津或 50%多菌灵，100 千克种子用 300 克药进行拌种，也可直接选用包衣种子。

86. 发芽率怎样测定？

答：一般棉种浸泡吸足水分后保持 25~30℃，在第 3 天测发芽势，第 9 天测发芽率，一般以 100~200 粒棉籽为单位进行发芽试验，要求发芽率达到 85%以上才适合播种。

87. 种子发芽的条件？

答：种子在日平均气温 10~12℃即可开始发芽出苗，最适宜温度在 25~30℃，超过 40℃不利于发芽，以土壤温度 15℃，有 5~7 个晴天播种为宜。若日平均气温在 20℃以上，土壤水分适宜条件下，出苗只需 4~7 天。若温度低，出苗缓慢，易染病害，甚至引起烂种现象。

第三节　播前生产资料准备

88. 肥料的类别？

答：化肥是指以化学方法制成的供植物养分的物料，如尿素、硝酸铵、磷酸铵、硫酸钾等。有机肥料指动植物躯体、粪便或从中萃取分离出的能供植物养分的物料。复混肥料是指氮、磷、钾三种养分中至少有两种养分标明量的由化学方法和（或）掺混方法制成的肥料。复合肥料指氮、磷、钾三种养分中，至少有两种养分标明量的仅由化学方法制成的肥料，复合肥料是复混肥料中的一种。有机—无机复混肥料指含有一定量有机质的复混肥料。

89. 一般肥料的溶解顺序和量？

答：根据肥料的溶解速度，一般尿素>72%磷酸一铵>氯化钾>磷酸二氢钾>硫酸钾，所以施肥时可以倒过来进行。另外 1 升水的各肥料容量为：尿素 1 千克、磷酸一铵 400 克、氯化钾 347 克、磷酸二氢钾 2 千克（但相对较慢）、硫酸钾 120 克。

90. 不同肥料养分含量情况？

答：尿素是由碳、氮、氧、氢组成的有机化合物，是一种白色晶体，一般含氮 46. 67%。磷酸二铵是低氮、高磷的肥料，用在缺磷的土壤上很有效，64%的二铵含氮 18%，含五氧化二磷 46%。

磷酸一铵属于复合肥，我国生产方法有传统法和料浆浓缩法，它的成分是含氮 12%、含五氧化二磷 52%的复合肥，实际中有含氮 11%、五氧化磷 47%，总含量为 58%的和 73%的也较为常见。其 pH 值为 4. 4~4. 8，呈酸性，在石灰性土壤施用，可提高肥效。磷酸一铵、磷酸二铵在储藏和运输时，应避免与碱性的肥料或物质混放或混施。

氯化钾为常用钾，是一种生理酸性肥料，会使土壤 pH 值降低，可用于农作物施肥，用于水果后，水果酸，不甜，含氧化钾 60%左右，可加速土壤的盐渍化程度，新疆地区慎用，比较适宜于中性石灰性土壤。

硫酸钾为白色结晶，溶于水，是一种生理酸性肥料，含氧化钾 50%~52%，含硫 18%，新疆地区普遍使用。

磷酸二氢钾为复合肥，无色四方晶系结晶或白色结晶粉末，允许微带颜色，含五氧化二磷 24%，含氧化钾 21%，白色，易溶于水，可以作为棉花叶面肥使用。

重过磷酸钙又叫三料磷肥，主要含五氧化二磷46%。

另外，硫酸铵含氮18%~20%，硝酸铵含氮34%~35%。

91. 肥料的辨别？

答：一看、二闻、三溶。氮肥、钾肥为白色晶体，磷肥是灰白色粉末；氮肥、钾肥全部溶于水，磷肥大多不溶于水，磷酸二铵用水能溶化，但溶化时间较长。另外，国家规定包装袋上应标示商标、肥料名称、生产厂家、肥料成分（注明氮、磷、钾含量及加入微量元素含量）、产品净重及标准代号，每批出厂的产品均附有质量证明书，如果真的不放心，那就取些样品到正规检测机构进行测定。

92. 二铵的判断？

答：（1）水溶法。取二铵样品少许，放入白色小玻璃瓶或白色水杯中，加入水50毫升摇动片刻，静置几分钟后，不溶化的是水泥制品；浑浊发黑的为粉煤灰制品；上层清澈溶液较多的是磷酸二铵真品；下层浑浊也较多的为硝酸磷肥。

（2）取二铵样品的水溶液进行pH值检测，磷酸二铵呈碱性，pH值8~8.5；硝酸磷肥pH值6~7呈弱酸性；水泥pH值9~10呈碱性；粉煤灰pH值7~8呈弱碱性。

（3）取二铵样品用刀具从颗粒中间切开，磷酸二铵断面细腻有光泽，水泥不易切开，粉煤断面粗糙呈灰色，硝酸磷肥断面灰色无光泽。

（4）可取磷酸二铵样品握于手心片刻，颗粒表面明显易湿润的为硝酸磷肥，有干燥感的是水泥或粉煤灰，有凉爽感的是磷酸二铵。

93. 底肥的施用？

答：根据土壤养分的含量和棉花需肥规律科学配方施肥。以前把氮肥总量的20%~30%，全部的磷钾肥作为底肥，但随着滴灌和干播湿出技术的采用，底肥所占总施肥量的比例不断在减小，目前，氮肥以总量的15%~25%作基肥，磷肥以总量的75%~85%作基肥，钾肥全作底肥（也可留作一部分追施），同时可亩施腐熟有机肥 1 000~4 000 千克或油渣 100~120 千克。推荐：亩施重过磷酸钙 20~25 千克、尿素 15~20 千克、钾肥（硫酸钾）5~8 千克作底肥，或者用磷酸二铵 10~18 千克、尿素 10~15 千克、硫酸钾 6~10 千克作底肥，28~35 千克尿素、4~8 千克二铵、3~5 千克硫酸钾随水追施。

94. 犁地时施肥好还是翻地时施肥好?

答：二者都可以，但是推荐犁地时施肥，因为可以促进根系下扎，促进根系生长，对后期棉花生长有利，如果是翻地时施肥，棉花根系会过浅，抗旱、抗逆能力弱。

95. 为什么要秸秆还田?

答：秸秆还田能增加土壤有机质，改良土壤结构，使土壤疏松，孔隙度增加，容量减轻，促进微生物活力和作物根系的发育，起到增肥增产作用，但病害田可能加重病害。

96. 地膜怎样选择?

答：国家标准规定的地膜厚度有 0.014、0.008、0.005 毫米，目前棉花上禁止使用 0.008 毫米以下的地膜，推荐使用 0.010 毫米以上的地膜。选择上，首先拉伸时可伸长 2~3 倍不断裂，手戳窟窿是圆的说明一致性好，另外计算好用量，目前亩用量一般在 3~4 千克。

97. 残留地膜的处理?

答：对残留在地里的地膜一定要搂耙出地集中处理，土办法常为焚烧，或者集中掩埋（不提倡），最好能残膜回收利用。

第四节　播　种

98. 播种时机的选择?

答：5 厘米地温连续 5 天稳定在 14℃，一般南疆 4 月初，北疆 4 月中上旬开始播种。如果以高产为目标，要尽量早播；如果以稳产为目标，可适当晚些，以避开气候多变引起的风险。

99. 种植密度的确定？

答：不同区域种植密度差异很大，要根据当地光热等自然条件选择适宜的密度种植范围，长江黄河流域密度在每亩 2 000~4 000 株，新疆普遍采用“矮、密、早、膜”的种植模式，密度在 9 000~18 000 株均有，目前实收株数在 10 000~12 000 株为宜，若亩实收株数 6 000~9 000 株，株高 80~100 厘米；亩实收株数 10 000~14 000 株，株高 70~80 厘米，亩实收株数 14 000~18 000 株，株高 60~70 厘米较合适。

100. 播种的质量要求？

答：播深一般 3 厘米左右，可根据不同土壤墒情及气温调整深浅，精量播种量 1.8~2.4 千克/亩，每穴下种 1~2 粒，覆土 1.5~2 厘米。要保持播深一致、播行端直、行距准确、下籽均匀、覆土良好、压膜严实，无漏行漏穴现象。空穴率不超过 3%，力争达到一播全苗。

101. 干播湿出和带墒播种方式的选择？

答：目前，一般南疆采用带墒播种的方式，北疆一般采用干播湿出的方式，要根据自己田间状况，合理选择播种方式（干播湿出、带墒播种）。

102. 干播湿出出苗水多少合适？

答：一般播后 24 小时滴出苗水，出苗水每亩滴 15~25 立方米比较合适，过多则会影响地温，不利于棉花生长。

103. 一膜三管好还是一膜双管好？

答：一般二者区别不大，主要看地块要求，需要缩短灌溉时间时，建议选择一膜三管；不施底肥的地，推荐使用一膜双管，以便于增强根系扩展。另外，一般三管的整齐度相对要高一些。

第三章

棉花苗期的生产管理

第一节　苗期苗情与诊断

104. 什么时候算进入苗期？

答：苗期是指从出苗至现蕾期的天数，一般从田间出苗率50%时开始算起，在4月下旬至5月底，一般为30天左右。

105. 苗期温度与棉苗受害程度关系？

答：苗期低温受害情况见下表。

不同苗龄耐低温程度表

苗期	温度（℃）	持续时间（小时）	受害程度
刚出土	0~1	1	发生冻害
刚出土	−3~−2	1	幼苗死亡
苗龄4天	0	1~2	轻微冻害
苗龄8天	0	3	轻微冻害
苗龄10天	0	2~3	50%幼苗死亡

资料来源：《棉花灾害及防灾减灾技术》，张存信著，中国农业科学技术出版社出版，2001年11月印刷，第59页。

106. 为什么会出现胚轴肥胖苗？

答：胚轴肥胖苗是指棉花出苗或半出苗的胚轴或胚根肥胖，又称为胚轴肥胖（肿茎苗）。第一类为不能出苗的，但胚根和下胚轴肥胖，根茎卷曲，主要是播种过深或土面压有硬块，胚轴伸展顶土费劲，子叶中养分较多地输向幼苗所致；第二类是由于播种过深，水分过多，氧气不足，而使得根芽肥胖且呈黄褐色；第三类虽然棉

籽能出苗，但由于出苗时土温低，再加上土壤水分过多，胚轴生长缓慢，顶土时间长，消耗养分多，地上部子叶生长瘦小，而使地下部胚轴肥胖；第四类为硫酸脱绒种子，残酸未清除干净和酸中毒所致。

107. 如何防止胚轴肥胖?

答：在播种时播种深度不宜过深，一般播种深度为 2~3 厘米。此外，还必须做到降低地下水位，降低土壤湿度。如已出现肥胖病，要增施苗肥，用 1%~2% 尿素溶液喷洒棉株，促进地上部生长，盖土时要注意用细碎土覆盖，以免影响出苗。

108. 为什么出现高脚苗?

答：高脚苗是指棉苗出土后，子叶下方的幼茎段伸长过长，茎秆细弱，子叶瘦小，子叶节离地面过高，一般都在 2 厘米以上，称为高脚苗。高脚苗主要是由两个方面的原因造成的：一是播种量过大，出苗后没有及时间苗，形成苗挤苗，造成棉苗纵向发育，幼茎伸长；二是膜内温度高，棉籽出苗后，无法及时通风、降温、降湿，造成棉苗幼茎加速伸长而形成高脚苗。

109. 如何防止高脚苗?

答：对于这类苗必须及早预防，一是播种量不宜过大，亩播种量控制在 1.8~2.5 千克，播种出苗后要及时定苗；二是用 100~200 毫克/千克助壮素浸种 18~20 小时，待子叶平展后 5~7 天喷施壮苗素。

110. 为什么出现棉苗带钢盔现象?

答：棉籽出苗时带种壳出土面，子叶受种壳束缚不能平展，称为戴帽子苗或戴钢盔。有时种壳虽能在出土一段时间内脱落，但子叶边缘受损，焦枯破碎，影响棉苗的正常生长和发育。发生棉籽带壳出苗的主要原因：一是土壤过于稀松，土壤内水分含量较少，而棉籽出苗时吸水膨胀，需大量水分，如水分不足，种壳干燥变硬，子叶不能突破种皮；二是播种过浅，土壤和棉籽顶土的摩擦力较小，因而种壳不能脱落，被带出土面。

111. 如何解决棉苗带钢盔？

答：一是播种时必须底墒充足，播种后覆土不能过浅，要有一定的厚度。二是间苗时将带壳棉苗去掉，留下正常苗。此外，如在播种后根尖突破种皮后发生烂根、烂芽时，主要是由于温度低，排水不良，缺氧所造成，应降低地下水位，雨后及时中耕松土，提高土温。

112. 怎样判断苗强苗弱？

答：幼苗期弱苗是指棉苗叶片小、叶色浅，茎秆细长，红茎比例大于50%，根系入土浅。这主要是由于播种量过多、光照不足或缺肥、缺水所致。出现这类苗要注意施好苗肥，喷施赤霉素等植物促生长素，中耕松土，及时间苗等。幼苗期旺苗是指棉苗叶片过大，叶色浓绿，茎秆细长，整个茎秆呈绿色。这主要是由于肥水过多，光照不足造成。应及时间苗，或喷施缩节胺，同时也要改善光照条件，抑制旺长。

113. 苗期后期怎样处理弱苗？

答：苗期后期弱苗是指在棉苗长至5叶左右时，茎秆细，红茎到顶，叶片小，叶肉薄，第3叶、第4叶全缘无裂片，叶序呈2、3、1、4，第1、第2真叶叶柄与主茎夹角较大。主要原因是棉花出苗后，养分不足，土壤板结，根系生长发育不良。解决方法：一是要喷施叶面肥，可用磷酸二氢钾，亩喷施1~2千克；二是喷施赤霉素等植物生长素。同时，及时中耕松土，增加土壤通透性，促进根系发育，加速地上部生长发育，使棉苗由弱转壮。

114. 苗期后期苗过旺怎样处理？

答：苗期后期旺苗是指棉苗生长至5叶左右时，叶片肥大下垂，茎秆粗，绿茎达100%，不见红茎，顶芽肥嫩，容易招致病虫害和蕾期疯长。主要原因是阴雨天过多，光照不足，土壤施肥过多，引起棉苗徒长。对于旺苗，应及时排水，深中耕切断棉苗根系，也可通过喷施助壮素或者缩节胺抑制旺长。

115. 造成棉花苗期生长缓慢的原因？

答：造成棉花苗期生长缓慢的原因有很多：①苗期低温等异常

天气造成。②盐碱重的棉田土壤理化性较差，制约了棉花根系对养分、水分的吸收。③地下水位高，影响土壤通透性和热量提升，也会使棉花扎根浅生长缓慢。④土黏重地性凉，影响气、热对棉花根系的供应，不利于棉花根系延伸，棉苗前期生长易“蹲苗”。⑤棉花苗期病害严重，为抵抗病害棉花消耗较多能量，造成苗弱、苗黄、烂根死苗，生长缓慢。⑥种子纯度低、成熟度不够、含水量大，造成出苗不整齐、抵抗病害能力下降，苗势弱，生长缓慢。

116. 棉花苗期生长缓慢怎么办？

答：由低温造成的，注意施好苗肥，喷施赤霉素等植物促生长激素，中耕松土，及时间苗等。另外，土壤理化性状或盐碱、种子质量等因素造成的要改良土壤，选用合格种子。

第二节　苗期水肥运筹

117. 棉花出苗水应不应该加肥？

答：建议不要添加肥料，但根据新疆地块普遍偏碱性的特点，可以添加酸酸碱、禾康等含酸性的土壤改良剂，加肥不利于扎根。

118. 棉花苗期缺水判断？

答：新疆棉区普遍不存在苗期缺水现象，而且苗期一般不浇水，但在棉花幼苗期，如棉田土壤水分不足，棉叶鲜绿明亮的光泽减少，棉茎红色部分逐渐上移，青嫩部分减少，茎色发老，茎部木质化加快，棉株生长速度逐渐缓慢，即表示棉田已呈现缺水现象；如果棉茎红色部分已经上升到近顶部，叶色转成暗绿色，叶片细小厚硬，棉叶和嫩枝萎缩，第二天早晨还不能恢复正常状态时，即表示棉田已经严重缺水。

119. 苗期是否需要喷施微肥？

答：苗期一般不需要喷施微肥，但可以在 2~3 片真叶期喷施禾丰锌 10 毫升，禾丰锰 10 克。也可以与缩节胺化控时混合喷施，减少田间环节。

第三节　苗期其他管理

120. 棉花苗期中耕?

答：一般在棉花子叶展平到 1 片真叶时就该进行第一次中耕，中耕深度 5~8 厘米，以疏松土壤、破除板结，增加土壤的通透性，提高地温，消灭杂草。

121. 苗期是否化控?

答：新疆棉区苗期化控根据苗情进行，一般在子叶到 1 叶期第一次化控，亩用缩节胺 0.4~0.6 克。如遇春季低温，棉花生长缓慢可以减少缩节胺用量或者不化控，机采棉可以减少用量或者推迟化控。3 片真叶前后进行第二次化控，亩用缩节胺 1.0~1.6 克。

122. 灾后如何自救?

答：新疆棉花灾害主要为春季低温、大风及冰雹，造成棉花出苗困难和生长点被破坏。主要措施：造成缺苗严重的及时进行补种，要求棉苗在 5 000 株以上的就不需要补种了，加强后期管理，5 000 株以下的要选择早熟品种，能补种的重新补种。加快一遍和二遍中耕进度，一遍浅耕，二遍深耕。遭受冰雹的，如果光秆了能改种其他作物的尽量改种其他作物，如果继续保留，那就采用喷施赤霉素、芸苔素等促生长激素，然后增加施肥，依靠棉花自身再生长能力加强侧枝生长。如果仅仅是轻度受害，则喷施磷酸氢钾和滴施尿素，及时中耕来恢复和促进棉花生长。

123. 苗期杂草怎样处理?

答：苗期一般施用除草剂处理茎叶，可选用稳杀得、拿捕净、盖草能、禾草克、草甘膦、克无踪等药品，按照药剂使用说明施用防治杂草。

第四章

棉花蕾期的生产管理

第一节　蕾期长势判断

124. 什么时候算进入蕾期？

答：田间50%的棉花达到现蕾的标准，即进入蕾期或叫现蕾期，蕾期是棉花生长发育的转折时期。其实在棉花2~3片真叶时，棉株已开始第一个花芽分化了，在现蕾后10天左右，单株蕾的日生长量达到最多时，或者50%的第四果枝开始现蕾时进入盛蕾期。

125. 蕾期棉花生长状态一般怎样？

答：初蕾期棉花株高一般20厘米左右，主茎日生长量初蕾期在0.5~0.8厘米，盛蕾期达到0.8~1.2厘米，红茎比为60%~70%，盛蕾后期叶龄达到10~12片，株高达到40~45厘米，机采棉株高45~50厘米。

126. 如何判断蕾期苗的强弱？

答：棉花进入蕾期，一般在6~7叶龄时，此时被称作“六叶亭”，棉株呈“亭”字形，上下窄中间宽，叶色亮绿，顶四叶叶序为（4、3）、2、1；顶心舒展为壮苗，顶心深陷，叶色浓绿为旺苗。棉株瘦高，叶色偏淡为弱苗。

127. 盛蕾期如何判断苗的强弱？

答：棉田叶色深绿，小行似封非封，棉高适当，主茎日增长量1~1.5厘米，新叶直立，顶四叶序为（4、3）、2、1，红茎占一半以上，为壮苗；植株高大，节间长大于5厘米，叶片肥大、浓绿、蕾小、顶心下陷，小行封行为旺苗；棉株瘦小、顶心上窜为弱苗。

第二节　蕾期水肥运筹

128. 头水是否加肥？

答：头水是否加肥主要看苗情，如果前期低温，棉花生长缓解，苗情较弱，滴头水时可以适当添加尿素等肥料，以促进棉花生长；如果棉花生长稳健，可以适当延迟施肥，第一次滴水不加肥。

129. 蕾期滴水次数？

答：蕾期一般滴水 2 次，根据天气情况可适当调整，亩滴水量为 20~25 立方米。

130. 棉花蕾期缺水需要灌溉时有什么特征？

答：棉花蕾期发生缺水时，一般倒三或者倒四叶在中午时会出现叶片下垂，没有光泽，有萎蔫趋势；如果大多数叶片萎缩，下垂，失去色泽，表示严重缺水，需要及时补水，否则将会出现下部叶片变黄、脱落等现象。

131. 蕾期如何施肥？

答：正常情况下，蕾期追肥采用随水滴施 2 次左右，一般为每次亩滴加尿素 2~3 千克，适当增加磷酸二氢钾 1 千克。滴肥时可先滴 1 小时清水，再滴加尿素，停水前滴 1~2 小时清水。如果蕾期第一水较早，棉花生长较旺，可以不加肥或者亩加尿素 1~2 千克。

132. 蕾期是否需要喷施硼肥等叶面肥？

答：在棉花盛蕾期每亩可叶面喷施硼肥禾丰硼 30~50 克，其间还可选择每亩随滴水添加复硝酚钠 6~8 克。

第三节　蕾期其他管理

133. 蕾期如何进行中耕？

答：蕾期要及时中耕，一般 7~8 片叶就要进行中耕，尤其是新疆春季低温较长时，要及时中耕，中耕深度 12~14 厘米。

134. 蕾期如何化控？

答：蕾期一般在头水前进行化控，棉花基本上 7 片真叶左右，亩缩节胺用量 2.5～3.5 克。对长势弱的棉苗要减少缩节胺化控量或者不控，可喷施 920 或赤霉素促生长。

135. 蕾脱落的原因有哪些？

答：（1）生理脱落。棉花本身的特性决定，蕾无法 100%存在，占总脱落率的 70%左右。造成生理脱落的因素很多，主要有以下几点：①有机养料不足或分配不当，当外界环境肥、水、光、温等条件不适合时，棉株生长瘦弱或徒长，引起棉株体内有机养料不足或分配不当，使蕾铃得不到充足的有机养料而脱落，是生理脱落最大的因素。②没有受精，开花时遇到降雨、高温、干旱等不良环境条件，都会破坏花粉和授粉受精过程，未受精的幼铃，由于生长代谢强度弱，吸收养分能力差，必然导致脱落。③植物激素平衡失调，棉株体内含有生长素、赤霉素、细胞分裂素、脱落酸和乙烯含量发生改变，使激素之间失去平衡状态，引起蕾铃脱落。

（2）病虫害。可直接或间接地引起蕾铃脱落。如盲蝽象、棉铃虫、棉蚜等虫害；枯萎病、黄萎病和红叶茎枯病等病害。

（3）机械损伤。田间操作管理不慎，或者遭到冰雹、暴风雨等的袭击，都会损伤枝叶或蕾铃，引起蕾铃脱落。

136. 蕾脱落的规律？

答：现蕾以后 10～20 天的脱落最多，20 天以上的大蕾脱落的较少。一般下部果枝蕾铃脱落少，上部果枝蕾铃脱落较多；靠近主茎的蕾铃脱落少，离主茎远的蕾铃脱落多。但密度过大、肥水过多、棉株徒长时，蕾铃脱落部位与上述相反。

137. 怎样减少蕾的脱落？

答：①保证水肥供应充足，减少营养不足造成的生理脱落；②做好病虫害预防，减少机械、人员进地次数，避免机械损伤；③喷施适量芸苔素等保蕾保花药剂和硼肥等微量元素。

第五章

棉花花铃期的生产管理

第一节　花铃期长势判断

138. 什么时候算进入花铃期?

答：花铃期是指从开花至吐絮这一段时间，一般从7月上旬到8月底、9月初，从棉花第一果枝开始开花便算进入花铃期，需55~70天。花铃期分初花期和盛花结铃期，初花期一般指棉花开花到第四果枝第一果节开花这段时间，一般15天左右，这段时间营养生长与生殖生长并进，棉花生长最快。

139. 花铃期的管理目标?

答：棉花花铃期是产量形成的关键时期，也是棉花田间管理关键时期，同时还是水肥需求高峰期。该时期的管理目标：稳住伏前桃、多结伏桃、争结秋桃、保铃增铃、防中空、旺长和早衰，主茎日生长量1.2~1.5厘米，红茎比为70%，株高维持在70~80厘米，果枝台数8~10台。

140. 棉花旺长的原因?

答：造成棉花旺长，叶片肥大的主要原因，一是氮肥（尿素）用量过大，所以应控制施肥；二是在控制氮肥情况下，结果浇水过多，所以控水很重要，不然单靠缩节胺很难解决问题。

141. 幼铃脱落的原因有哪些?

答：幼铃脱落原因与落蕾基本相同，棉铃开花后3~8天的幼铃最容易脱落，以3~5天为最多，10天以上的幼铃很少脱落。一般下部果枝铃脱落少，上部果枝铃脱落较多；靠近主茎的铃脱落少，离主茎远的铃脱落多。但密度过大、肥水过多、棉株徒长时，

铃脱落部位与上述相反。

142. 怎样减少幼铃的脱落？

答：保证营养充足，光照充足，防治好病虫害，减少机械损伤。

第二节 花铃期水肥运筹

143. 花铃期缺水什么特征？

答：在棉花开花结铃期间，如果缺水，棉株叶片即呈浅绿色或黄色，中午时叶片下垂，主茎生长缓慢，上部果枝长的高过生长点，开花部位比正常棉株显著增高，不上长，只是果枝生长，顶芽比上部第一果枝低，顶尖不随太阳转动，即表示缺水了。相反，如果棉株生长快，株秆高大松散，枝秆节间长，叶片肥大，色深绿有光泽，叶梗茎部脆弱一折即断，开花部位比正常棉株低，顶尖与果枝相齐，即表明棉田水分充足，可以不浇水。如果只是顶尖上长，果枝不长，则表明棉田水分过多，不但不能浇水，还需要及时进行中耕晾墒，以免造成徒长。

144. 花铃期浇水如何管理？

答：花铃期一般滴水 6~7 次，每亩灌水量 25~35 立方米，滴水间隔时间 7~10 天，中间灌水量高些，时间间隔短些。漫灌在此期需灌水 3 次，分别为见花浇第一水，65~75 立方米，施尿素 12~14 千克。第二水约 15 天后（盛花期），85~95 立方米，施尿素 14~16 千克。第三水在盛铃期，65~75 立方米。

145. 花铃期浇水滴灌地应如何防爆管？

答：花铃期是浇水最大的时期，滴灌时，滴灌带进水管压力一般在 0.08 兆帕（8 米水头）左右才能保证滴的均匀，国家标准规定的滴灌带耐压性在 0.05 兆帕（5 米水头）左右，而生产中不少场所低于这个标准，只能承受 0.03 兆帕（3 米水头）左右的压力，这样就致使滴灌时水压加大而爆管或者滴的不均匀，因此，应尽量选择长期合作，信得过的企业购买滴灌带等。

146. 滴灌时滴灌带出水口间距越小、出水口越多越好吗?

答:不是,虽然增加滴灌带出水口,可能觉得出水快、流量大,但实际中滴灌带质量标准很难适应大的耐压性,造成压力不足,严重影响了滴水的均匀性,反而不利于田间的苗齐、苗匀和整体塑型,更容易爆管造成损失。

147. 滴灌堵了怎么办?

答:新疆地区,灌溉用水中容易含有细沙或者不合格肥料等堵塞毛管,造成浇水不均匀,可通过把滴灌结尾处的结打开的方法顺畅滴灌管,尝试高水压冲刷,或者在堵塞处另拉一条滴灌带的方法解决。若常发生堵塞,就要注意更换或者安装防堵塞过滤器,常用的有砂石过滤器、网式过滤器、离心过滤器、叠片过滤器。

148. 花铃期追肥如何管理?

答:花铃期追肥一般随水滴施 6~7 次,每次追肥量为亩施尿素 4~6 千克(纯氮约 2.5 千克),可适当施加磷酸二氢钾 2 千克或者磷酸二铵 4 千克,该期一般中间施肥多,两边施肥少些。

149. 花铃期施肥需要喷施微肥吗?

答:在花铃期可叶面喷施硼、锌、锰等微肥,如亩喷施禾丰硼 50 克,禾丰锌 10 毫升,禾丰锰 10 克。

第三节　花铃期其他管理

150. 打顶的作用是什么?

答:打顶是棉花整枝工作中的中心环节,通过打顶心可消除棉花顶端生长优势,调节体内水分和养分等物质的运输方向,使较多的养分供生殖器官生长,减少无效果枝对水肥的徒耗,促进棉株早结铃、多结铃、减少脱落等,有明显的增产增收效果。

151. 打顶的时机?

答:新疆打顶时间应掌握在 7 月 1—8 日,最晚不超过 7 月 20 日。坚持“枝到不等时,时到不等枝”的原则。

152. 打顶的方法有哪些？

答：人工打顶方法上应采用轻打去小顶法，即打去一叶一心，切忌“大把揪”的打法。化学打顶目前药剂种类较多，一定要按照说明书进行使用。

153. 什么是化学打顶？

答：化学打顶是新兴的一种应用化学药剂（植物生长调节剂）抑制棉花顶端优势，控制棉花顶端生长，从而起到打顶作用的方法。

154. 化学打顶可行吗？

答：随着药剂和应用技术的改进与完善，化学打顶技术基本成熟并开始推广应用，逐渐开始替代人工打顶，化学打顶生产上是可行的。但应用要求较高，必须标准操作，应用不当也会打顶失败，因此棉农应根据自己生产能力和操作水平慎重选择。

155. 花铃期如何化控？

花铃期一般在 7 月初打顶前后进行化控，打顶前，在棉花 11~12 片叶时化控 1 次，亩用缩节胺量为 4~8 克，打顶后 6~8 天化控一次，亩用缩节胺量为 6~10 克，如果感觉棉花仍然封不住，可以打第二次 10~12 克缩节胺控死。

第六章

棉花收获管理

第一节　采收判断

156. 什么时候算进入吐絮期?

答：从棉花第一果枝棉桃开始吐絮便算见絮，棉田有 50%的棉株开始吐絮，即进入吐絮期，吐絮期是指棉花从吐絮到收花结束的一段时间，平常在 8 月下旬或 9 月上旬开始算，11 月上、中旬收花结束，用时 70~80 天。机采 10 月下旬可以收花结束。

157. 棉铃多少天体积达到最大?

答：一般花后 20 天左右体积快速增加，到 28 天左右体积基本定型，30 天后体积稳定。

158. 棉铃多少天可以成熟?

答：棉籽和纤维的生长呈“S”形，慢—快—慢，到 40 天左右增长速度减缓，50 天趋于平缓，所以棉铃一般经过 50~55 天基本成熟，5~7 天后开裂吐絮。

159. 吐絮期棉花管理要求?

答：吐絮期要保证棉花尽量吐絮，获得最大产量，及时停水停肥，对于贪青晚熟的棉田，及时进行人工推株并垄，增加棉田通风透光性。机采棉在 9 月中旬除净田间杂草，做好脱叶剂的喷施，10 月进行采收。

160. 为什么吐絮期有时棉花叶片会忽然变红?

答：因突遇低温降雨天气，缺钾棉田土壤中的有效钾供应将基本中断，当叶片钾素营养得不到维持时，棉株表现生理衰竭，两三天内棉叶会迅速变黄或变红，继而干枯脱落，茎秆枯死，这种现象

又称为红叶茎枯病。

161. 如何防止吐絮期棉花叶片变红？

答：防止吐絮期叶片发生生理衰竭变红，一般提前在8月中旬进行补钾，叶面喷施钾肥是最经济有效的补钾方法，可用2%浓度硫酸钾0.5千克，加水至30千克喷施。

第二节　采收事项

162. 棉花采收注意事项？

答：棉花采收分为人工采摘和机械采收，人工采摘一般分多次采收，需要60~70天，机械采收可一次完成，也可进行二次复采，采棉机日作业面积可达200亩，年作业面积5 000亩，一般10月底完成采收。人工采收要“三净、五分”，即收花时要株净、壳净、地净，分摘、分晒、分存、分轧、分售。注意好花与僵瓣棉及落地棉的区分，不要混在一起。一般在吐絮后每隔5~7天采摘一次，采收后注意存放，防止霉烂，注意天气状况等。机采则注意脱叶催熟剂喷施时间，调整检查好机械设备，协调好运输车辆，做好田间清理，保证安全，采收时合理制定行走路线，以减少撞落损失，地头两端组织人工采摘，留出供机组回转的道路。

163. 脱叶剂喷施时间？

答：新疆脱叶剂喷施时间一般在9月初就可以开始，根据情况适当调整，最好喷施药前后3~5天的日最低气温高于12℃，日平均气温高于18℃，一般吐絮达到40%时用药最好，可喷药2次。例如噻苯隆，若第一次喷施较早（9月5日左右），第二次用药可间隔10天，如果第一次用药在9月10日（要保证气温）之后，那第二次用药间隔减为7天左右，第二次用药后25天左右采收；而含噻苯隆敌草隆成分的2次用药间隔可适当减少2~3天，第二次用药后15天左右可采收。若喷药1次，则在保证气温的情况下晚喷，在9月10日之后，适当加大药量。喷施工作北疆最好9月15日前结束，南疆9月20日前结束。

164. 脱叶剂的正确使用方法?

答：脱叶剂由3个部分组成：主药—噻苯隆、增效助剂和催熟的乙烯利。最好是取三个干净的容器，事先二次稀释，分别充分地把这三个东西用净水溶解开来，然后，进行药剂混合稀释，最后倒入事先加了三分之二的净水的打药罐里，充分搅拌均匀。脱叶剂的稀释液，必须随用随配，不可搁置过夜，一般的脱叶剂，需要喷施2遍，第一遍用54%噻苯隆敌草隆15~20克加乙烯利50~80克，或用80%的噻苯隆30克加乙烯利50~80克；第二遍用54%噻苯隆敌草隆15~20克加乙烯利150~180克，或用80%的噻苯隆30克加乙烯利150~180克。

165. 机械采收有哪些指标要求?

答：脱叶后田间脱叶率90%以上、吐絮率95%以上时便可机械采收。要求采净率达95%以上，总损失率不超过4%，其中，挂枝损失0.8%，遗留棉1.5%，撞落棉1.7%，含杂率在10%以下。

166. 造成棉花夹壳的外部原因有哪些?

答：①水浇得多的地方，棉花易旺长，贪青晚熟易夹壳；②虫害比较重造成的，受蚜虫、棉蓟马和红蜘蛛为害的，容易夹壳；③缺失硼会造成棉铃畸形，自然会夹壳。

167. 为何会出现焦叶挂枝?

答：主要原因是用药不当造成的，目前很多脱叶剂产品含有除草剂，如含噻苯隆敌草隆（脱吐隆）等产品，用量过大就会造成焦叶挂枝现象。另外，脱叶剂喷施过快，喷药不够均匀，着药太少也会造成脱叶难的问题。

第七章

棉花植保知识

第一节　棉田主要病害

168. 棉花主要病害有哪些?

答：棉花病害主要有立枯病、炭疽病、茎腐病、枯萎病和黄萎病等。

169. 立枯病有哪些特征?

答：在棉花幼苗出苗后，根部和近地面茎基部出现黄褐色长条形病斑，有的病斑逐渐环绕幼茎，使病部变成黑褐色并缢缩成蜂腰状，病苗很快萎蔫倒伏或枯死。在病部及其周围土面常有白色丝状物。病斑易上下扩展，有长短不同的纵裂，为害子叶，多在子叶中部产生不规则形黄褐色病斑，有时干枯脱落成穿孔。轻病株根上病斑不扩大，只为害皮层，气温上升可恢复继续生长。

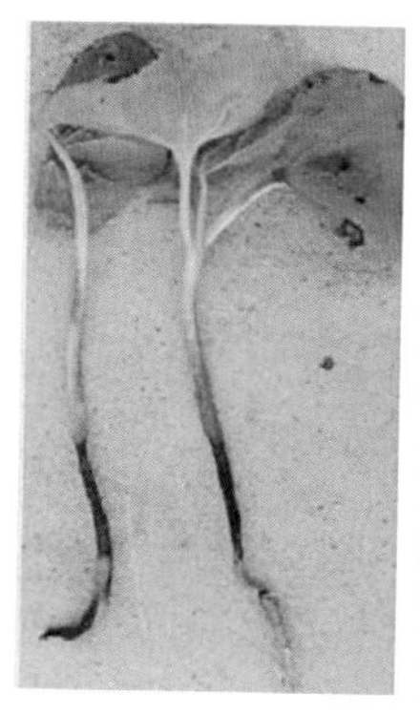
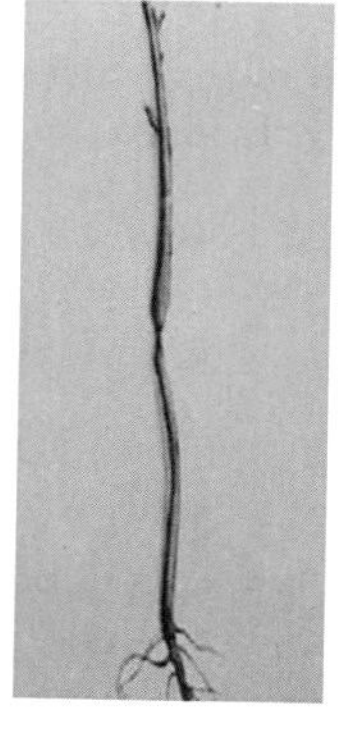

立枯病

170. 立枯病易发生条件？

答：棉花立枯病主要发生部位为棉花的子叶，低温多雨，光照不足易发病。一般棉花出苗一个月内，天气阴湿多雨或者遇寒流降温，土壤温度持续在15℃左右，立枯病就会严重发生，造成大面积死苗。若收花前低温多雨，病菌还会入侵种子内部，成为来年初次侵染源。

171. 怎样防治立枯病？

答：目前多数品种具有抗病特征，可用内吸杀菌剂拌种或者浸种，如发病，则可在发病初期用多菌灵防治。还可用芸苔素内酯促苗壮株防病。

172. 什么是棉花烂根病？

答：棉花烂根病是新疆棉花苗期的重要病害，南、北疆各棉区普遍发生。易造成缺苗断垄，影响棉苗生长。棉花烂根病是一种复合性病害，主要是立枯病，其次是红腐病。防治同立枯病，可选杀菌类药剂。

173. 什么是棉花炭疽病？

答：炭疽病是我国棉区普遍发生的一种苗期病害，长江流域棉区的发生尤为严重，一般苗期发病率20%～70%，严重时可达90%。种子感染后会腐烂造成缺苗，子叶上病斑黄褐色，边缘红褐色，上面有橘红色黏性物质，幼茎基部发病后产生红褐色梭形条斑，后扩大变褐，略凹陷，病斑上有橘红色黏性物质。铃上病斑初为暗红色小点，以后逐渐扩大并凹陷，中部变为灰褐色，上面也有橘红色黏性物质，病铃腐烂可形成僵瓣。

棉花炭疽病苗期症状　　棉花炭疽病叶部症状　　棉花炭疽病棉铃症状

174. 什么是棉花红腐病?

答：棉苗出土前感病，幼芽变褐腐烂；出土后感病，根尖变褐腐烂，以后蔓延到全根和茎基部，有的病部略肥肿，后呈黑褐色干腐。子叶感病，多在叶缘产生半圆形、近圆形或不规则形褐斑，温度高时在黑绿色至黑褐色病斑上生粉红色或粉白色霉层。另外，有的幼苗未出土或出土不久，幼茎呈水渍状，逐渐变黑褐色腐烂倒伏，称猝倒病。棉花播种至出土后一个月至一个半月内，低温多雨特别是遇寒流，常诱致烂根病大发生。

红腐病

175. 什么是棉花角斑病?

答：棉花角斑病是细菌性病害，发生在子叶、真叶及嫩茎上，病斑最初呈水渍状，后变黑褐色，在真叶上，因受叶脉限制而呈多角形，有时病斑沿叶脉发展呈长条弯曲状。子叶上病斑沿叶柄发展可侵染到子叶节。嫩茎上的病斑呈黑绿色，发展成黑褐色条。

角斑病

176. 什么是棉花铃曲霉病？

答：棉花铃曲霉病主要为害棉铃，新疆发生较少。初在棉铃的裂缝、虫孔、伤口或裂口处产生水浸状黄褐色斑，接着产生黄绿色或黄褐色粉状物，填满铃缝处，造成棉铃不能正常开裂，连阴雨或湿度大时，长出黄褐色或黄绿色绒毛状霉，即病菌的分生孢子梗和分生孢子，棉絮质量受到不同程度污染或干腐变劣。新疆很少发生此类病害，可选用代森锰锌药剂防治。

棉花铃曲霉病

177. 什么是棉花枯萎病？

答：棉花枯萎病在子叶期可发病，到现蕾期达到高峰，后续铃

期病势下降，是一直危害性极大的传染性病害，可造成叶片、蕾铃大量脱落，重者大量枯死，该病被列为我国对内、对外植物检疫对象。主要类型如下：

（1）黄色网纹型：病株子叶或真叶的叶脉褪绿变黄，叶肉仍保持绿色，叶片局部或全部形成黄色网纹状，后呈褐色网纹。严重时，叶片凋萎干枯脱落。

（2）黄化型：子叶或真叶多从叶尖或叶缘开始，局部或全部褪绿变黄，无网纹或网纹不明显，随后逐渐变褐枯死，脱落。

（3）紫红型：子叶或真叶变紫红色或出现紫红色斑块，病叶逐渐萎蔫枯死，脱落。

（4）青枯型：子叶或真叶突然失水，叶色稍呈深色，全株或植株一边的叶片萎蔫下垂，随之植株青枯干死，但叶不脱落。

（5）矮缩型：受病植株于 5~7 片真叶期，顶部叶片往往发生皱缩，畸形，叶色呈现浓绿，叶片变厚，棉株节间缩短，病株比健株明显变矮，但并不枯死。黄色网纹型、黄化型以及紫红型的病株都有可能成为矮缩型病株。

（6）萎蔫型：株型无明显变化，但叶片迅速失水，萎蔫下垂，有的叶片逐渐脱落，形成光秆。

棉花枯萎病

178. 什么是棉花黄萎病?

答:黄萎病是典型的整株系统性发病的维管束系统病害。一般由下部叶片开始逐渐向上发展,叶片上先在主脉间出现褪绿褐色斑块,叶缘褪绿,病斑逐渐坏死干枯,呈掌状枯斑,有的呈“西瓜皮”病。叶片由下而上逐渐脱落,后整株萎蔫枯死,尤其是夏季高温,大雨后骤晴,田间易出现大量急性枯死植株。发病晚的、病轻的仅叶片反卷。具体类型可分 3 种:

(1)普通型:常见的症状是病株从下部叶片开始发病,逐渐向上发展。发病初期,病叶叶缘和叶脉间出现不规则形淡黄色斑块,病斑逐渐扩大,从病斑边缘至中心颜色逐渐加深,而靠近主脉上仍保持绿色,呈“花西瓜皮状”或“褐色掌状斑驳”,叶缘向上卷曲,随后斑驳及叶缘组织枯焦。重病株到后期叶片由下而上逐渐脱落,蕾铃稀少。有时在茎基部或落叶的叶腋处,长出细小的新枝。

(2)枯死型:该病于 6 月下旬在棉株顶部叶片上先出现不规则失绿斑块,很快变成黄褐色或青枯,病株主茎和侧枝顶端亦变褐枯死,植株上枯死的叶、蕾多悬挂而不易脱落,也有脱落使病株成光秆的。

(3)落叶型:我国仅在江苏局部地区发生。盛夏久旱后突遇暴雨或经大水漫灌之后,叶片突然萎垂,呈水渍状,随即脱落成光秆,表现出急性萎蔫症状。叶、蕾甚至小铃在 1~2 天内可同时全部脱落成光秆,然后植株枯死。

棉花黄萎病

179. 如何区分枯萎病和黄萎病？

答：枯萎病和黄萎病都是典型的整株系统发病的维管束系统病害，即输导组织受破坏后可引起整株不正常。黄萎病剖开病茎，木质部导管变黑褐色，变色部分分散、不集中，枯萎病没有此特征；另外枯萎病顶端皱缩，浓绿，节间缩短，而黄萎病则叶脉间有枯斑；枯萎病苗期发病而黄萎病苗期不发病。

180. 枯萎病与黄萎病的发生条件？

答：棉花枯萎病和黄萎病都是土壤、种子带菌为主的维管束系统病害，病害的发生程度与土壤条件、栽培管理及品种抗病性等条件都有很达关系。发病适宜的温度均在25~30℃，只是最初发病温度稍有不同（枯萎病20℃，黄萎病24℃）。两种病害都要求高湿度。一般多雨年份，土壤湿度大，有利于病害发生。

181. 如何防治枯萎病和黄萎病？

答：生产上建议采用抗枯萎病耐黄萎病的品种，种子处理时建议进行抗菌剂药剂拌种或包衣，加强田间管理，早中耕，目前黄萎病没有有效的防治措施，可头水时滴枯草芽孢杆菌预防黄萎病发生。

182. 如何减少苗期病害？

答：首先种植抗病品种，根据地块发病情况和品种特性，选择对应抗性的品种，最大限度发挥品种特性；其次是加强种子处理。对种子进行包衣或药剂浸种，可以有效减少病害的发生；最后是加强田间管理，及时中耕，及时发现和清除病残苗，发现病害及早防治。

第二节　棉田主要虫害

183. 棉花主要虫害有哪些？

答：棉花主要虫害有棉蚜、棉盲蝽、棉叶螨、棉铃虫等。

184. 什么是棉蚜？

答：棉蚜，同翅目，蚜科，俗称“蜜虫”。我国已发现的为害棉花的蚜虫共有5种：苜蓿蚜、棉长管蚜、菜豆根蚜、拐枣蚜、棉蚜。新疆的主要是棉长管蚜、苜蓿蚜、拐枣蚜、菜豆根蚜。棉蚜的发生以辽河流域、黄河流域和西北的陕西、甘肃棉区为害重，长江流域为害次之，华南棉区干旱年份发生较重，一般年份发生轻。棉蚜一年发生20~30代，棉蚜的成蚜和若蚜群会在棉叶的背部以及嫩茎上刺吸为害，也常为害蕾铃苞叶和刚长出的嫩叶，造成叶片向背面卷曲，尤其苗期，使棉苗生长缓慢，影响果枝分化。

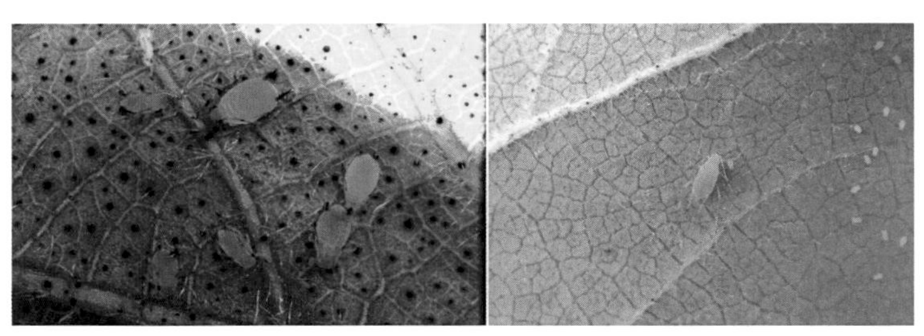

棉蚜

185. 怎样防治棉蚜？

答：可选用10%吡虫啉可湿性粉剂1 000倍液，20%啶虫脒可湿行粉剂，0.3%的苦参碱水剂防治。

186. 什么是烟粉虱？

答：以成虫和若虫刺吸植物汁液，受害叶片正面出现褪色斑，虫口密度高时出现成片黄斑，严重时萎蔫枯死，蕾铃脱落。分泌的蜜露可诱发煤污病，降低叶片的光合作用，影响棉花产量和纤维品质。烟粉虱还可以传播病毒病，在棉花上可传播棉花曲叶病毒病。

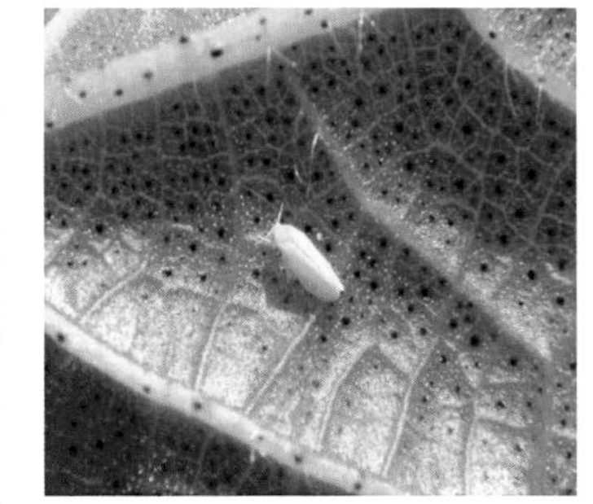

烟粉虱

187. 如何防治烟粉虱？

答：防治可使用噻虫嗪、吡虫啉、啶虫脒，对水喷雾，防治效

果较好。

188. 什么是棉花盲蝽？

答：棉盲蝽为害棉花的盲蝽在我国主要有6种：绿盲蝽、中黑盲蝽、三点盲蝽、苜蓿盲蝽、赣棉盲蝽、牧草盲蝽。盲蝽为害都是用刺吸口器刺进植物的嫩头、生长点或幼嫩果实，吸取汁液。造成幼嫩果实体直接脱落；生长点破坏，组织受损形成空洞；阻碍生长点正常发育，使植物营养失调，生育受到影响。20世纪50年代国中期，陕西关中地区的棉花受盲蝽为害达29.5%，花蕾脱落21.2%~38.6%，产量减少20%~30%，长江流域棉区的江西、安徽和湖北棉株受害达20%~40%，江西彭泽达90%，产量损失约50%。20世纪70年代以来，由于间套作复杂，绿肥蚕豆面积扩大，作物种类增多，冬耕田面积减少，棉花育苗移栽，地膜覆盖，棉苗发育早，生长旺盛，局部地区如江苏、上海、浙江、安徽的沿海棉区，盲蝽成为主要害虫。

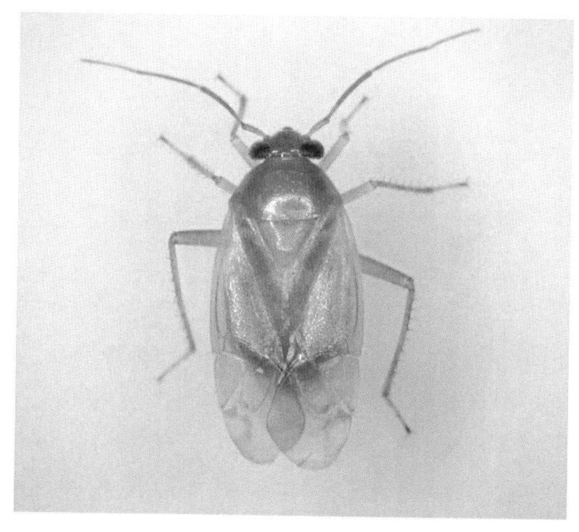

棉花盲蝽

189. 如何防治棉盲蝽？

答：生产上可选用烟碱类、拟除虫菊酯类、氨基甲酸酯类，如啶虫脒、吡虫啉、联苯菊酯、阿维菌素等。

190. 什么是棉蓟马？

答：为害棉花的蓟马主要有烟蓟马、花蓟马、属缨翅目，蓟马科。蓟马成、若虫隐藏在卷叶或花器内，锉吸棉花叶片和花蕊汁液，为害子叶、真叶、嫩头和生长点。生长点受害后可干枯死亡，子叶肥大、形成无头苗（公棉花），然后形成枝叶丛生的杈头苗，影响蕾铃发育，推迟成熟期。嫩叶受害后叶面粗糙变硬，出现黄褐色斑，叶背沿叶脉处出现银灰色斑痕，叶片焦黄卷曲。幼铃被害后表皮脱水，提前开裂，影响产量和品质。

棉蓟马

191. 如何防治棉蓟马？

答：当田间无头棉、多头棉株率达3%或蓟马百株虫口15头时，选用5%啶虫脒可湿性粉剂2 500倍液、10%吡虫啉可湿性粉剂2 000倍液等进行喷雾防治，每隔7天喷施1次，连喷2~3次。

192. 什么是棉红蜘蛛？

答：棉红蜘蛛又叫棉叶螨，在我国主要有3种：朱砂叶螨、截形叶螨、土耳其斯坦叶螨。土耳其斯坦叶螨只分布在新疆。其他两种在南北方都有分布。一般所说的棉红蜘蛛是指前两种叶螨的混合群体。棉红蜘蛛的为害是在棉叶背面吸食汁液。在干旱年份棉红蜘蛛为害猖獗，轻者棉苗停止生长，蕾铃脱落，后期早衰；重者叶片

发红，干枯脱落，棉花变成光秆。

棉红蜘蛛

193. 如何防治棉红蜘蛛？

答：田间发现棉叶螨中心株时，用杀螨剂进行挑治；当有虫株率超过5%时，选用苦参碱、浏阳霉素等生物源杀螨剂或乙螨唑、螺螨酯等高效低毒杀螨剂进行全田防治。

194. 什么是棉红铃虫？

答：棉红铃虫是一种世界性害虫，广泛分布于北纬40°以南的各产棉国家。我国除新疆、甘肃河西走廊和部分西北内陆棉区外，广泛分布于南起海南北至辽宁的产棉省区。红铃虫的为害引起的损失因地区不同而不同，中国在20世纪50年代考察时，在长江流域棉区常年因红铃虫为害的综合损失率为28%，黄河流域棉区为12%。据测定：每铃有虫一头，籽棉重量损失6%~10%，僵瓣增加5%~6%，品质降低1~2级，总计损失15%~20%。虫量增加损失加重。

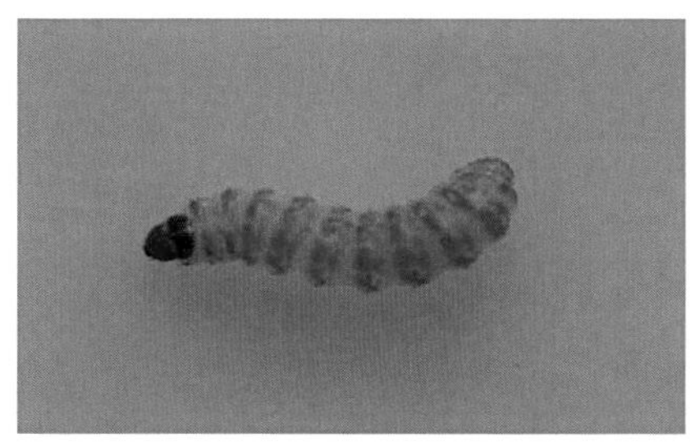

棉红铃虫

195. 如何防治棉红铃虫？

答：可用黑光灯、杨柳枝把诱杀成虫；也可在棉田套种芝麻、胡萝卜、玉米等诱集成虫产卵集中消灭。可选用杜邦万灵、25%铃螨净、20%菊马乳油。

196. 什么是棉铃虫？

答：全国各棉区均有发生。棉铃虫主要为害棉花的蕾期和花铃期，白天隐藏在叶背等处，黄昏开始活动，取食花蜜，有趋光性，卵产于棉株上部，幼虫5~6龄，初铃幼虫取食嫩叶，后为害蕾、花、铃，爱从基部蛀入蕾、铃，在内取食，并能转移为害，老熟幼虫吐丝下垂，入土化蛹，以蛹越冬。黄河流域棉区年发生3~4代，长江流域棉区年发生4~5代，新疆北疆发生3代，南疆和东疆年发生4代。1代幼虫主要在麦田和番茄田，2代幼虫为害棉花顶尖，3代幼虫为害蕾花铃，第4代、第5代幼虫为害棉铃。幼虫咬食叶片，形成亮天窗和边缘较为圆滑的孔洞，钻蛀蕾、花，形成张口蕾和无效花，造成蕾、花、铃大量脱落，钻蛀幼铃和青铃，形成落铃和烂铃。

棉铃虫

197. 棉铃虫怎么防治？

答：秋翻冬灌灭蛹，频振式杀虫灯、杨枝把诱蛾、性诱剂迷向诱蛾，利用甲维盐、氯虫苯甲酰胺等药剂交替使用灭虫。7月中旬可选用棉铃虫NPV、茚虫威、苦参碱、多杀霉素等生物制剂或甲胺基阿维菌素苯甲酸盐、菊酯类等药剂进行集中连片防治（包括

玉米诱集带），另外，48%毒死蜱 50 克加 5%阿维菌素 15 克充分搅拌喷施，可以有效防治棉铃虫和红蜘蛛。

第三节　棉田主要草害

198. 棉田主要杂草有哪些?

答：棉田杂草主要有龙葵（俗称野葡萄）、香附子（水草）、田旋花（狗狗秧）稗草、芦苇等。可用草甘膦或者滴酸草甘膦除草。

199. 什么是龙葵?

答：龙葵学名 *Solanum nigrum* L. 属茄科一年生草本植物。别名野葡萄、天宝豆等。分布在全国各地。主要为害棉花、豆类、薯类、瓜类、蔬菜等。幼苗全体无毛，子叶宽披针形，初生叶 1 枚，宽卵形。成株茎直立，分枝多，无毛，株高 30~100 厘米。叶互生有长柄；叶片卵形，全缘或具不规则的波状粗齿，两面光滑或具疏短柔毛。伞形聚伞花序短蝎尾状，腋外生，有 4~10 朵花，花冠白色，花梗下垂，花萼杯状，5 个裂片，裂片卵状三角形，5 个雄蕊，生在花冠的管口。浆果球形，成熟时黑色。种子扁平，近卵形。生于农田或荒地，喜欢生在肥沃的微酸性至中性土壤中，5—6 月出苗，7—8 月开花，8—10 月果实成熟，种子埋在土中，遇雨后长出新的幼苗。

龙葵图

200. 如何防治龙葵?

答：整地时可以氟乐灵与二甲戊灵交替使用防治龙葵，目前市场上出现的氟磺胺草醚（绿野正宗）防治龙葵，可选择使用。

201. 什么是香附子?

答：球穗扁莎草，别名香附子，学名 *Pycreus globosus*（All.）Reichb. 属莎草科一年生草本植物。植株丛生，较细，有三钝棱，一面有沟，株高 7~50 厘米。叶较秆短，叶鞘棕红色。具 2~4 个叶状苞片，底下的 1~2 片较花序长；侧枝长，聚伞花序较简单，具 3~6 条长短不一的辐射枝，每枝有小穗 2~20 个；小穗条形，有花 6~36 个；小穗轴具狭翅；有 2 列长圆状卵形鳞片，背面有绿色龙骨状突起，两侧深紫褐色至红褐色，生有白色透明的狭边。小坚果褐色倒卵形，端尖短，略扁。生于湿地或水边，地下茎入土很深，是稻田及低温地旱田常见杂草。生活力、繁殖力很强。较难铲除。

香附子

202. 如何防治香附子?

答：一般可采用三氟啶磺隆喷施，最好不要喷到棉花上。

203. 什么是田旋花?

答：田旋花学名 *Convolvulus arvensis* L. 属旋花科多年生蔓性草本植物。叶互生具柄，叶形多变，但基部多为戟形或箭形，又称箭

叶旋花。花紫红色，1～3 朵腋生；花梗上具两个狭小的苞片，远离花萼。蒴果球形至圆锥状。种子卵圆形三棱状。根芽或种子繁殖。生于农田或荒地。田旋花在潮湿肥沃土壤中可成片生长，枝繁叶茂，夏秋季在近地面的根上产生越冬芽，再生力很强，刈割地上部、切断根部、断茬后，仍可发育成新的植株。

田旋花

204. 如何防治田旋花?

答：可以用草甘膦加塔隆，但不要喷到棉花上，滴水前 3 天不要使用，注意不要阴雨天用。

205. 什么是稗草?

答：稗草学名 *Echinochloa crusgalli*（L.）Beauv. 属禾本科一年生草本植物。别名 芒早稗、水田草、水稗草等。广布全国各地。秆丛生，基部膝曲或直立，株高 50～130 厘米。叶片条形，无毛；叶鞘光滑无叶舌。圆锥花序稍开展，直立或弯曲；总状花序常有分枝，斜上或贴生；小穗有 2 个卵圆形的花，长约 3 毫米，具硬疣毛，密集在穗轴的一侧；颖有 3～5 脉；第一外稃有 5～7 脉，先端具 5～30 毫米的芒；第二外稃先端具小尖头，粗糙，边缘卷孢内样。颖果米黄色，卵形。种子繁殖。种子卵状，椭圆形，黄褐色。

稗草

生态特点：生于湿地或水中，是沟渠和水田及其四周较常见的杂草。平均气温 12℃ 以上即能萌发。最适发芽温度为 25～35℃，10℃ 以下、45℃ 以上不能发芽，土壤湿润，无水层时，发芽率最高。土深 8 厘米以上的稗籽不发芽，可进行二次休眠。在旱作土层中出苗深度为 0~9 厘米，0~3 厘米出苗率较高。东北、华北稗草于 4 月下旬开始出苗，生长到 8 月中旬，一般在 7 月上旬开始抽穗开花，生育期 76~130 天。在上海地区 5 月上、中旬出现一个发生高峰，9 月还可出现一个发生高峰。

206. 如何防治稗草？

答：此类杂草一般整地时喷施二甲戊灵防治。

207. 什么是芦苇？

答：芦苇俗名苇子、芦柴，多年生草本，具长而粗壮的匍匐根状茎，高 1~3 米。秆直立，节下常有白粉。叶鞘无毛或具细毛；叶舌有毛；叶片披针形。以根茎繁殖为主，种子也能繁殖。在大部分地区，根茎芽早春萌发，夏末抽穗开花，晚秋成熟。种子成熟后随风飞散。多生于河旁、湖边和海岸滩涂上，适生在低湿地或浅水中，常单生成大片苇塘，也有零散混生群落。

芦苇

208. 如何防治芦苇？

答：可以用草甘膦进行处理，也可以用高效盖草能处理。

第八章

新疆棉区主要栽培品种

第一节　新疆北疆棉区主栽品种

新陆早 36 号

由石河子棉花研究所培育的棉花新品种，2007 年通过新疆维吾尔自治区农作物品种审定委员会审定。植株紧凑，Ⅱ式果枝，株高 65 厘米，生育期 120 天，早熟性好，丰产性突出，整个生育期长势稳健。棉铃卵圆形，中等大小，结铃性较好，单铃重 5.6 克，衣分 42.0%，籽指 9.9 克，霜前花率 98.89%，吐絮集中，絮白、不夹壳、易采摘。适宜机械采收。新陆早 36 号属高产型品种。2005—2006 年在新疆维吾尔自治区试验中连续两年棉籽、皮棉霜前花位列第一，分别为 361.5 千克/亩、153.3 千克/亩、148.8 千克/亩，分别比对照新陆早 13 号增产 10.7%、11.6%、11.7%。属于抗枯萎病、耐黄萎病类型，适宜北疆地区、南疆早熟棉区和甘肃河西走廊棉区种植。

新陆早 45 号

由新疆农垦科学院棉花研究所选育综合性状良好的早熟陆地棉品种。2008—2009 年参加新疆棉花品种区域试验及生产试验（早熟组）；2010 年 3 月通过新疆维吾尔自治区品种审定（审定编号：新审棉 2010 年 37 号）；该品种生育期 123 天左右，属早熟陆地棉。植株呈塔形，Ⅱ式果枝，株型较紧凑。叶色灰绿，叶片中等大小，棉铃卵圆形，中等偏大。株高 62.4 厘米，果枝始节位 5.0 节，单株结铃 6~8 个，单铃重 6.3 克，衣分 46%，籽指 10 克，霜前花率 95.7%。整个生育期长势稳健，结铃性较好，棉铃上下分布均匀，后期不早衰，含絮力好，吐絮畅且集中，适宜机采。断裂比强度 32.10 厘牛/特克斯（cN/tex），马克隆值 4.10，整齐度指数 86.10%，高抗枯萎病，耐黄萎病。

新陆早 50 号

由新疆农业科学院经济作物研究所培育出来的优质高产棉花新品，2011 年通过新疆维吾尔自治区农作物品种审定委员会审定命名。生育期 126 天左右。植株塔形，Ⅱ式果枝，株型较紧凑，叶色深绿、缘皱、上举，叶片较小，茎秆较硬、光滑茸毛稀少，茎秆柔韧性好，抗倒伏。棉铃卵圆形，中等大小，分布均匀。果枝始节位 5.0 节，衣分 44.9%，籽指 9.9 克，霜前花率 96.3%，单铃重 5.8~6.2 克，纤维上半部平均长度 30.16 毫米，断裂比强度 29.43 厘牛/特克斯（cN/tex），马克隆值 4.02，断裂伸长率 6.85%，反射率 80.66%，黄色深度 7.05，整齐度指数 86.12%，纺纱均匀性指数 154.3。生育期田间表现良好，长势稳健，吐絮畅，含絮力好。该品种高抗枯萎病、耐黄萎病。

新陆早 57 号

由新疆农业科学院经济作物研究所培育出来的优质高产棉花新品，2013 年通过新疆维吾尔自治区农作物品种审定委员会审定命名。植株塔形，Ⅱ式果枝，较紧凑；子叶为肾形，真叶普通叶型，叶片中等大小，叶色淡（灰）绿色，叶片多茸毛，略上举；茎秆较坚硬、茸毛中等。铃卵圆，铃咀微尖，铃上麻点清晰，铃中等大小，4~5 室、种子呈梨形稍圆，褐色，中等大，短绒灰白色，短绒中量，生育期 120~122 天。铃重 5.5 克左右，籽指 9.1 克；衣分 42.4%~44.1%，绒长 30.0 毫米；整齐度 85.5%；比强度 29.7 厘牛/特克斯（cN/tex）；马克隆值 4.4；黄度 7.6；纺纱均匀指数 149.1。新疆的预备试验：籽棉产量 333.0 千克/亩，为对照的 108.63%；皮棉产量 141.68 千克/亩，为对照的 122.22%，霜前皮棉产量 140.66 千克/亩，为对照的 111.42%，霜前花率 99.22%；衣分 41.24%。属高抗枯萎病、轻感黄萎病类型。

新陆早61号

该品种属新疆承天种业科技股份有限公司品种，于2013年7月通过新疆审定，由早熟棉新品系为母本，优质、中长绒材料为父本，利用病圃鉴定筛选，定向选育而成，生育期121天左右，植株塔形，较紧凑，Ⅱ式果枝，果枝台数8~10台，茎秆粗壮，叶层分布合理，叶片中等大小，通透性好，单株结铃8~10个，单铃重5~5.9克，衣分44%~46%，霜前花率96.4%，比强30.5厘牛/特克斯（cN/tex），2.5%，绒长31.0毫米，马克隆值4.2，纤维整齐度86.4%，色泽21。抗枯萎病，耐黄萎病。该品种既适合手采也适合机采。

新陆早64号

新陆早64号是新疆合信科技发展有限公司研发品种，2014年10月通过新疆维吾尔自治区农作物品种委员会审定并命名。该品种属早熟陆地棉常规品种，生育期123天，植株塔形，Ⅱ式果枝，茎秆坚硬抗倒伏，生长稳健。叶片中等大小，叶上举，通透性好。铃卵圆形，较大，单铃重6.3克左右，吐絮畅，宜机采，衣分43.6%左右。纤维长度30.1毫米，断裂比强度30.2厘牛/特克斯（cN/tex），马克隆值4.2，整齐度85.5%，抗病性能好，耐枯萎病、黄萎病。

新陆早66号

新陆早66号是奎屯万氏棉花种业有限责任公司选育的优质、早熟、丰产陆地棉新品种，2014年10月通过新疆维吾尔自治区农作物品种审定委员会审定。该品种在西北内陆棉区生育期126天左右，植株塔形，Ⅱ式果枝，较紧凑型，茎秆粗壮，茸毛较多，叶片中等大小，叶色淡绿，茸毛较多，略上举，果枝始节节位5~6节，铃卵圆形，较大，铃重5.7~6.0g，籽指10.7g，霜前花率94.5%，纤维上半部平均长度33.9毫米，断裂比强度32.1厘牛/特克斯（cN/tex），马克隆值3.8，整齐度87.4%，高抗枯萎病，轻感黄萎病。

新陆早 78 号

新疆金丰源种业股份有限公司选育，2017 年通过新疆维吾尔自治区农作物品种审定委员会审定。该品种生育期 115 天左右，霜前花率 94.6%以上。植株呈塔形，Ⅰ－Ⅱ式果枝，株型较紧凑。茎秆多毛，果枝夹角小，叶片大、深绿色、叶裂深，棉铃长卵圆形、有喙，结铃性强，丰产性好，吐絮畅且集中，含絮力好，单铃重 5.6g，籽指 10.2g，衣分 43.3%。经农业部棉花品质监督检验测试中心（安阳）检测，纤维上半部平均长度 30.1 毫米，比强度 31.7 厘牛/特克斯（cN/tex），马克隆值 4.4，整齐度指数 84.8%。经石河子农业科学院棉花研究所鉴定耐枯萎病，耐黄萎病。

中棉所 92 号

由中棉所培育，该品种（系）为陆地早熟棉，以优质品系天河 99 为母本，以抗病丰产品系 126 为父本杂交，结合南繁加代，辅以病圃选择，并进行连续的单株选择和田间鉴定，筛选出综合性状优良的品系 283705 简称中 705。品种植株塔形，Ⅱ式果枝，较紧凑，茎秆茸毛中等，叶片中等大小，叶色深绿，棉铃卵圆有钝尖。整个生育期生长势稳健。新疆早熟棉区生育期 124 天。株高 65.3 厘米，果枝始节位 5.9 节，单株结铃 6.0 个，单铃重 5.9 克，衣分 43.9%，籽指 9.9 克，霜前花率 94.1%。HVICC 纤维上半部平均长度 29.2 毫米，断裂比强度 30.3 厘牛/特克斯，马克隆值 4.4，整齐度指数 85.4%。2011—2012 年两年区试平均：籽棉、皮棉和霜前皮棉亩产分别为 350.4 千克、154.1 千克和 148.0 千克，分别为对照新陆早 36 的 100.5%、103.4%和 102.6%。2012 年生产试验结果：籽棉、皮棉和霜前皮棉亩产分别为 377.2 千克、165.5 千克和 165.5 千克，分别为对照新陆早 36 号的 106.6%、110.4%和 110.4%。

栽培技术要点：适期早播，适宜播期为 4 月 5—15 日；合理密植，收获株数 1.2 万～1.4 万株/亩为宜，力争棉苗早、全、齐、匀、壮；全程化调，从棉苗显行起就必须进行化调，全生育期化调 5～6 次；施肥灌水，与当前推广的早熟陆地棉品种基本相同，特

别应注意保证7月的水肥供应；打顶，7月上旬打完顶，与其他早熟品种相比可多留1~2台果枝；植保工作，按综合防治的要求进行。

第二节　新疆南疆棉区主栽品种

新陆中36号

由国家棉花工程技术研究中心选育，非转基因常规早中熟品种，适宜新疆棉区全年≥10℃有效积温为3 800 ℃ · d以上区域均可种植。高产典型，适合机采，结铃性强，成铃率高。

新陆中36号为早中熟陆地棉，生育期135天左右，株苗生长势强，叶片较小，果枝上举，叶量较少，Ⅱ式果枝，植株呈塔形，单株成铃率高，结铃性强、吐絮集中好拾花。适应性广，适合机采，采净率96%。由于该品种株型较紧凑，对缩节胺较敏感，化调时不能一次过重。严禁在重病田种植。

衣分42%左右，品质优，2.5%跨长29.9毫米，比强度29.8厘牛/特克斯（cN/tex），马克隆值4.2~4.5。

新陆中47号

是新疆巴州农科所以自育的抗枯耐黄Ji98-72优系为母本，利用新品系01-1099品系F_1杂交群体中系统选育而成，经连续多代单株选择。适宜于新疆早中熟棉区。

新陆中47号植株筒形，Ⅱ式果枝，叶片深绿色、较大、上举、裂刻较深。植株清秀，苞叶较大，花冠较大，乳黄色。单株成铃率高。果枝始节5.6，果枝与主茎夹角较小，有利于通风透光。铃卵圆形，有铃尖，铃较大，单铃重5.8克，籽指10.8克，衣分43.8%。生育期142天，霜前花率93.4%。吐絮畅集中，纤维色泽洁白，含絮率适中，易摘拾。

2008—2009年两年区试及2009年生产试验取样，经农业部棉花品质监督检测中心测试（HVICC），比强度30.82厘牛/特克斯（cN/tex），马克隆值4.32，断裂伸长率6.22%，反射率75.30%，黄色深度 7.49，整齐度指数 84.95%，纺纱均匀性指数 160.25。2008—2009 年经棉花品种抗病性鉴定，高抗枯萎病，耐黄萎病；枯萎病病情指数 1.67，黄萎病病情指数 44.84。

新陆中 54 号

由新疆农业科学院经济作物研究所选育的高产抗病棉花新品种，2012 年 6 月通过审定。新陆中 54 号生育期 125~130 天，霜前花率 92.14%，植株呈塔形，Ⅱ式果枝，长势较强，株高 70 厘米。始果节位 5.85 节，叶片中等大小，叶色深绿色。结铃性较强，单铃呈卵圆形，多为 5 瓣花，铃壳薄、吐絮畅。铃重 5.85 克，籽指 10.6 克，衣分 43.63%。絮色洁白，僵瓣少，经农业部棉花品质监督检验测试中心测定：纤维长度 29.44 毫米，比强度 30.83 厘牛/特克斯（cN/tex），整齐度 85.05%，麦克隆值 4.4。

2009—2010 年参加新疆中早熟组棉花区域试验，两年平均每亩产籽棉、皮棉分别比对照中棉所 49 号增产 10.33%和 11.09%。2011—2012 年在库尔勒、阿克苏、喀什、石河子、沙湾、奎屯、博乐等地市种植，一般亩产籽棉 450~500 千克，高达 550 千克以上，单产高达 617 千克。

新陆中 68 号

原代号为 JZ206-1，高产优质、抗病虫、高衣分，由新疆金丰源种业股份有限公司选育，2013 年 7 月通过新疆审定并命名为新陆中 68 号。适应南疆早中熟、中熟棉区无病或轻病田种植。

生育期约 135 天，从苗期到蕾期生长比较稳健，现蕾后生长势较强。植株清秀，叶片中等大小，叶量较少。Ⅱ式果枝，塔形，单株成铃率较高，上铃快，结铃性强，单铃重 6.1 克以上，衣分 45.2%左右，品质优，2.5%跨长 30 毫米，比强度 30 厘牛/特克斯（cN/tex），麦克隆值 4.2（HVICC 标准）。抗病性好，抗枯萎病，耐黄萎病。吐絮集中，霜前花率 95%以上，好拾花。适合机械采收。

新陆中 75 号

新陆中 75 号适宜南疆早中熟棉区种植，该品系组合：30-3

（自育高代品系）×新陆中9号（386-5）。该品系生育期133天左右，全生育期长势较强、整齐度较好。植株筒形，较紧凑，毛秆，叶片中等大小、上举，叶色较淡，叶裂深。株高约74.4厘米；平均始果节位7.6节、果枝数8~9台；单株铃数6.4个，铃中等大小，单铃重6.3克，棉铃卵圆形，蒴果4室，籽指11~12克；平均衣分43.7%；早熟性好、吐絮集中，霜前花率96.5%；纤维品质优良，絮色洁白有丝光，吐絮畅、易采摘。

2011—2012年新疆早中熟陆地棉品种区域试验，两年平均亩产皮棉166.2千克，比对照中棉所49号增产6.8%。2013年生产试验，平均亩产皮棉156.8千克，比对照中棉所49号增产5.6%。纤维品质：两年区试和一年生产试验检测平均结果，2.5%跨长30.7毫米，断裂比强度33.0厘牛/特克斯（cN/tex），马克隆值4.4，整齐度指数86.1%。抗逆、抗病性：该品系具有较强的抗逆性、适应性强，在多年多点品比试验中对枯萎病表现出较强的抗性，抗性鉴定结果为耐枯萎病，感黄萎病。

新陆中82号

区试代号TH08-118，审定编号为新审棉2017年49号，由新疆塔里木河种业股份有限公司、新疆劲丰合农业科技有限公司选育，品种来源A27×52-2，本品种为早中熟非转基因抗枯耐黄中绒常规陆地棉。全生育期133天左右，整个生育期长势强，整齐度好，早熟不早衰。植株清秀、较紧凑，株形筒形，Ⅰ~Ⅱ类果枝，株高83.6厘米，茎秆粗壮、直立，叶片较大、深绿色，第一果枝节位5.4节，单株结铃6.7个，铃为长卵圆形，铃室4~5室，单铃重5.4g，衣分42.8%，籽指9.7g，霜前花率96.4%。经鉴定，新陆中82号枯萎病病情指数5.3，抗枯萎病，黄萎病病情指数35.1，耐黄萎病。经检测，上半部平均长度30.0毫米、断裂比强度31.1厘牛/特克斯（cN/tex）、马克隆值4.5、断裂伸长率6.5%、反射率76.6%、整齐度指数84.9%、纺纱均匀性指数151.4。

2014—2015年在新疆常规陆地棉区域试验，两年平均籽棉、皮棉和霜前皮棉亩产分别为367.7千克、156.1千克和147.5千克，分别比对照中棉49号增产8.0%、8.0%、8.3%。2016年生产试验，平均籽棉、皮棉和霜前皮棉亩产分别为440.3千克、191.0千克和189.4千克，分别比对照中棉所49号增产14.2%、17.6%和18.1%。

中棉所49号

为中棉所35×中51504，审定编号为国审棉2004003、新审棉2004年008号，2004年3月通过新疆维吾尔自治区农作物品种审定委员会审定，2004年7月通过全国农作物品种审定委员会审定。适宜西北内陆无霜期180天以上的早中熟棉区种植。早中熟陆地棉品种，全生育期145天。植株塔形，较清秀，田间通风透光好，整齐度、生长势较好；茎秆柔软有韧性、茸毛少，叶片中等大小、上举，叶裂深。Ⅱ式果枝，株高61.3厘米，第一果枝节位5.5节，株果枝数10.4台，单株结铃7.1个，结铃性强而集中，铃较大，卵圆形，单铃重6.1克，籽指11.1克，不孕籽率6.7%，衣分41.8%，霜前花率93.7%。抗枯萎病，耐黄萎病，枯萎病指0.0，黄萎病指1.5，在西北内陆棉区属枯萎病免疫，高抗黄萎病品种。不抗棉铃虫。具有一定耐旱、耐盐性。吐絮畅而集中，易收摘，纤维洁白。HVICC纤维上半部平均长度30.5毫米，比强度29.0厘牛/特克斯，纤维整齐度84.1%，马克隆值4.3，伸长率7.1%，反射率77.5%，黄度7.6，纺纱均匀性指数142。

2002—2003年参加西北内陆棉区早中熟组区域试验，籽棉、皮棉、霜前皮棉平均亩产分别为314.1千克、130.9千克、119.1千克，分别比对照中棉所35增产6.9%、10.9%和17.2%。2003年参加生产试验，籽棉、皮棉、霜前皮棉平均亩产分别为337.9千克、146.9千克、114.0千克，分别比对照中棉所35增产8.8%、16.7%、26.3%。

鲁棉研28号

由山东棉花研究中心、中国农业科学院生物技术研究所选育。品种由（鲁棉14号×石远321）F_1×(5186系、豫棉19、中12、中

19、秦远142、鲁8784等混合花粉）后代系统选育而成。鲁棉研28号是转基因抗虫常规品种，黄河流域棉区麦田套种全生育期138天。株型较松散，株高90.4厘米，茎秆坚韧、茸毛中密，叶片中等大小、绿色，全株有腺体，腺体中密，果枝始节位6.8节，单株结铃15.7个，铃圆形，铃尖微突，铃壳薄，吐絮畅而集中，单铃重5.8克，衣分41.5%，籽指10.8克，霜前花率88.6%。出苗势一般，整个生育期生长发育稳健，中后期叶功能较强，不早衰，高抗枯萎病，耐黄萎病，抗棉铃虫；HVICC纤维上半部平均长度29.9毫米，断裂比强度29.4厘牛/特克斯，马克隆值4.7，断裂伸长率7.4%，反射率76.0%，黄色深度7.6，整齐度指数84.8%，纺纱均匀性指数137。

2002—2003年参加黄河流域棉区麦套棉组品种区域试验，籽棉、皮棉和霜前皮棉亩产为232.2千克、96.2千克和85.2千克，分别比对照豫668增产19.0%、15.6%和16.2%。2004年生产试验，籽棉、皮棉和霜前皮棉亩产为226.5千克、95.7千克和90.2千克，分别比对照中棉所45增产12.1%、20.1%和23.1%。

第三节　长绒棉主要品种

新海24号

原名96007，是新疆农业科学院经济作物研究所育的长绒棉新品种，亲本以纤维品质特优的85-75品系作为母本，以丰产性强的新海10号和新海8号品种作为多父本，于1994年配制杂交组合，2002—2003年参加新疆长绒棉区域试验，2004年参加新疆长绒生产试验。2005年3月通过新疆农作物品种审定。

该品种属早熟零式分枝类型，生育期为132~136天。植株呈筒形，株型较紧凑，生长势强而稳健，高82.3~94.8厘米。果枝节间4.2~4.8厘米，第一枝着生平均在3.2节，果枝13.5~14.8个。叶片等大小，叶色深绿色，叶形呈掌状，4~5裂叶，叶较深，叶面略突，茸毛较多。铃为长卵圆形，铃较大，绿色，铃面较粗糙并有明显的凹点及油腺，3~4 室，铃重 3.0~3.5 克，铃柄略短。棉籽近圆锥形，披浅绿色短绒，少毛籽。籽指 11.0~12.6 克，衣指 5.5~6.3 克，平均单株成铃 13.5~14.8 个。衣分 30.1%~32.0%。早熟，吐絮较集中，僵瓣、僵尖极少。

2000—2001 年的品系比较试验中，平均每公顷霜前籽棉、霜前皮棉产量分别为 4 157.3 千克、1 248.3 千克，分别比对照新海 14 增产 16.89%、15.45%；2002—2003 年新疆长绒棉区域试验中，平均籽棉产量、霜前皮棉产量分别为 4 206.5、1 206.5 千克/公顷，分别较对照品种新海 15 增产 6.48%、7.38%，均居第一位。2004 年新疆长绒棉生产试验中，平均公顷籽棉、皮棉、霜前皮棉产量分别为 4 221.0 千克、1 377.0 千克、1 347.0 千克，霜前皮棉产量与对照品种持平。生产试验 5 个点中有 4 个点比对照品种新海 21 增产，其中 3 个点位居第一位，霜前皮棉产量比对照增产 2.1%~31.2%，表现出良好的适应性和丰产性。

2002—2003 年区域试验棉样经农业部棉花品质检测中心测试，纤维 2.5%跨长 36.17 毫米，比强度 43.0 厘牛/特克斯，麦克隆值 3.77，整齐度 85.84%，纺纱均匀性指数 201，纤维色泽洁白。2004 年经抗病鉴定，发病高峰期属抗枯萎病型，病指 4.7；同时高抗黄萎病，病情指数 6.8。

新海 28 号

抗病长绒棉新海 28 号是利用高抗枯萎病的抗源材料作为母本，与具有结铃性强、品质优的品系作父本杂交而成的抗病、早熟、丰产长绒棉新品系。2007 年 2 月通过自治区农作物品种审定委员会审定命名。该品种生育期 144 天，植株呈筒形，茎秆坚硬，零式果枝，株型较紧凑，株高 90~100 厘米，叶片小，叶片及铃柄直立。铃长卵圆形，铃面油点明显，多为三室。铃重 3.31 克，衣分 33.36%，霜前花率 93.33%。该品种开花早，结铃性强，吐絮后期中下部叶片自动脱落，吐絮畅易拾花，适采性好。

2005—2006 年参加新疆南疆早熟组长绒棉区试，南疆 5 个参试点 2 年籽棉、皮棉、霜前皮棉每亩平均产量分别为 350.45、

117.65、108.76 千克，分别比对照新海 21 号增产 7.96%、5.67% 和 7.93%。2005—2006 年经农业部品质检测中心测定，全国区试各点提供棉样，2.5% 跨长 35.43 毫米，整齐度 85.7%，比强度 41.14 厘牛/特克斯，马克隆值 4.6，反射率 77.89%，黄度 7.51，纺纱均匀性指数 196.4。2005—2006 年经新疆维吾尔自治区植保站枯、黄萎病花铃期田间鉴定，该品种枯萎病病情指数为 8.4，为抗枯萎、耐黄萎病品种。

新海 36 号

原品系代号 207，是由新疆阿拉尔农一师农科所和新疆塔里木河种业股份有限公司共同选育的抗枯萎病、优质、丰产的长绒棉新品种，适宜于新疆南疆长绒棉区种植。2007 年参加新疆南疆早熟组长绒棉预备试验，2008—2009 年参加新疆南疆早熟组长绒棉区域试验，2009 年参加新疆南疆早熟组长绒棉生产试验。2010 年 3 月通过新疆维吾尔自治区农作物品种审定委员会审定，并命名为新海 36 号。生育期为 146 天左右。植株呈筒形，茎秆坚硬，抗倒性好。零式果枝，株型较紧凑，长势较强，株高在 100 厘米左右。叶片中等大小，叶绿色，掌状，叶裂深。铃长卵圆形，铃面油点明显，多为三室，吐絮畅，易拾花。铃重 3.27 克左右，种子褐色，短绒灰绿色，籽指 12.5 克，衣分 31.6%，霜前花率 93.23%。

2008—2009 年 2 年区试平均：每公顷籽棉、皮棉、霜前皮棉分别为 5 256、1 653、1 545 千克，分别比对照增产 14.6%、10.1%、10.5%。农业部棉花品质监督检验测试中心检测（HVICC），2 年平均：上半部平均长度 38 毫米，整齐度 88.9%，比强度 44.5 厘牛/特克斯，伸长率 5.1%，马克隆值 3.7，反射率 74.8%，黄度 7.0，纺纱均匀性指数 232.7。2009 年经新疆维吾尔自治区植物保护站抗枯、黄萎病田间鉴定：枯萎病病情指数为 7.69，为抗病品种；黄萎病病情指数为 36.21，属耐病品种。

新海 39 号

原名 K-136 种以强抗病资源材料 S-03 为母本，以中间材料 96107 为父本，于 2000 年配制杂交组合，选择丰产抗病的杂交后代作母本，与 K-354 为父本进行复交。于 2005 年育成，2012 年 5 月通过新疆维吾尔自治区农作物品种审定委员会审定命名。生育期 135 天。果枝零式分枝，植株较紧凑，生长稳健，株高 80~90 厘米；平均始果节位 3.7 节、果枝 14~16 个；叶片中等大小，叶色深绿色，叶片 3~5 裂；单株铃 13~15 个，铃较大，平均铃重 3.5 克，棉铃长卵圆形，籽指 11.9 克；衣分较高，平均 33.5%；早熟、吐絮集中，霜前花率 96.0%；纤维品质优良，絮色洁白有丝光，吐絮畅、易采摘。该品种出苗好，壮苗早发，开花结铃集中，生长势稳健，高产稳产。

2010 年在新疆长绒棉区域试验中，每公顷平均籽棉、皮棉、霜前皮棉产量分别为 5 780.4 千克、1 879.5 千克和 1 824.6 千克，分别比对照新海 28 号增 19.0%、24.0%和 25.0%，增产达极显著水平；2009—2011 年经农业部棉花品质监督检验测试中心测定（HVICC 标准），3 年平均纤维上半部平均长度 36.37 毫米，断裂比强度 44.84 厘牛/特克斯，马克隆值 3.92，长度整齐度指数 88.1%，伸长率 5.46%，反射率 76.7%，黄度 7.0，纺纱均匀性指数 215.6，综合指标达到优质棉标准。该品种具有较强的适应性；枯萎病病指 0.33，属高抗枯萎病；黄萎病病指 41.21，属耐黄萎病。

新海 53 号

由新疆农业科学院经济作物研究所培育的长绒棉新品种，其母本是早熟、丰产、抗性好的长绒棉品种新海 15 号提高系，父本为本所自育的抗病性强、优质、丰产性好的高代材料 102，其中 102 是以 97006 为母本、新海 16 号为父本配制的高代材料。2002 年配制复合杂交组合，南繁北育结合病圃对其抗病性、品质、产量等性状的定向选育及不同生态区适应性鉴定，于 2008 年育成，命名为 K-399。2015 年 8 月通过新疆维吾尔自治区农作物品种审定委员会审定，命名为新海 53 号。生育期 141 天左右，株型筒形，零式果枝，茎秆坚韧粗壮、直立；叶片中等大，3~5 裂，叶色绿；前期生长健壮，长势强，中后期生长稳健，株高 90~100 厘米；始果节

位 3. 2 节，单株果枝 12～14 个，结铃性好，单株结铃 13～15 个；铃较大，长锥形，铃重 3. 4～3. 7 克，蒴果 3～4 室，籽指 12. 4 克，衣分 32. 8%，早熟性好，吐絮畅且集中，霜前花率 94. 9%。含絮力强，易采摘，皮棉洁白。

2013 年区域试验中，新海 53 号每公顷籽棉、皮棉和霜前皮棉产量分别为 5 679. 0 千克、1 873. 5 千克和 1 777. 5 千克，分别比对照新海 41 号增产 8. 9%、8. 9%和 8. 7%。2014 年长绒棉生产试验中，新海 53 号每公顷籽棉、皮棉和霜前皮棉产量分别为 5 179. 5 千克、1 711. 5 千克和 1 663. 5 千克，分别比对照新海 41 号增产 10. 7%、13. 7%和 13. 9%，增产显著，产量居参试品种第 2 位。经农业部棉花品质监督检验测试中心测定（HVICC 校准），2012—2013 年新疆维吾尔自治区长绒棉区域试验和 2014 年生产试验平均结果，新海 53 号纤维上半部平均长度 39. 2 毫米，断裂比强度 45. 3 厘牛/特克斯，马克隆值 4. 0，长度整齐度指数 88. 7%。絮色洁白有丝光，纤维品质优良。2014 年新疆维吾尔自治区生产试验棉花枯萎病、黄萎病抗病性鉴定结果：该品种有较强的抗逆性和适应性。枯萎病病指 1. 5，反应类型为高抗，高抗枯萎病；黄萎病病指 3. 3，反应类型为高抗，高抗黄萎病。

新海 60 号

原代号 K-138，是由新疆农业科学院经济作物研究所培育的早熟长绒棉新品种。父本 97006 优系以耐热、大铃、抗病材料 S03 为母本，以紧凑、超优质材料新海 16 号、K-288 等为父本，采用中低代优势群体系间混交和高代株系系内姊妹交的种质创新策略，于 2005 年育成，具有大铃优质、含絮力适中、抗病、耐高温等特点。2006 年以具有早熟、品质优良的长绒棉品种新海 26 号提高系为母本，97006 优系为父本配制杂交组合，通过多年南繁北育，前期对组合后代材料的品质、衣分、抗病性进行选择，后期重点加强对结铃性、铃重、含絮力等指标进行定向筛选和生态适应性筛选，2010 年育成并命名为 K-138。2017 年 12 月通过新疆维吾尔自治区农作物品种审定委员会审定，命名为新海 60 号。生育期 135 天左右，零式果枝，株型筒形。叶片中等偏大，叶色绿，叶片 3~5 裂；长势稳健，株高 90~100 厘米，第一果枝节位 3. 3，单株果枝数 14~16 个；结铃性好，单株成铃 13~16 个；铃长圆锥形，蒴果 3~4 室；铃重 3. 4 克，衣分高达 33%~34%，籽指 12. 4 克；早熟性好，霜前花率 95. 0%，吐絮集中，含絮力适中。

2014—2015 年参加新疆维吾尔自治区长绒棉区域试验，2 年结果平均，新海 60 号籽棉产量、皮棉产量和霜前皮棉产量分别为 5 107. 5、1 666. 5、1 587 千克/公顷，分别比对照新海 41 号增产 8. 8%、7. 6%、11. 2%。2014—2015 年区域试验采样，经农业部棉花品质监督检验测试中心检测（HVICC 校准），2 年测定平均结果，新海 60 号纤维上半部平均长度 39. 6 毫米，断裂比强度 44. 8 厘牛/特克斯，马克隆值 4. 0，长度整齐度指数 90. 5%，絮色洁白有丝光。经新疆维吾尔自治区种子站委托对参加区域试验的棉花品种进行枯、黄萎病抗病性鉴定，新海 60 号有较强的抗病、抗逆性，枯萎病病指 3. 6，高抗枯萎病；黄萎病病指 5. 3，高抗黄萎病。经多点大面积比较，新海 60 号耐热性和适应性较好。

第九章

相关栽培规程总结

该章总结了国家棉花工程技术研究中心近10年通过课题研究和生产实践提出的一些技术规程，主要用于指导新疆南北疆棉花栽培生产，提高棉花产量。但随着新疆棉花生产由增产逐渐向提质转变，以及机采的普遍实施，相关规程也在不断发生变化，希望通过对相关技术规程的了解与分析，能够为以后棉花生产继续提供指导。

附件1

北疆早熟棉区棉花栽培技术规程

（亩产皮棉150千克）

一、适应范围

本规程为国家棉花工程技术研究中心结合北疆早熟棉区实际情况，制定的早熟品种亩产皮棉150千克栽培技术规程。在执行中，农户和技术人员应根据棉花生长发育实际情况，参照调整执行。

二、适应品种

选择生育期125天左右的丰产、抗病、品质好的早熟品种，例如新陆早33号、新陆早41号、新陆早50号等新陆早系列。

三、主要技术指标

（一）产量结构

产量目标为亩产皮棉150千克以上。田间理论株数17 000~19 000株/亩，收获株数14 000~16 000株/亩，株高70~80厘米，单株果枝台数7~8台，单株结铃5~6个，平均铃重5.0~5.5克，衣分40%左右，霜前花率85%以上。

（二）气候条件和生育进程

无霜期170天以上，棉花生育阶段≥10℃的积温3 300 ℃ · d以上，7月平均温度≥24℃。

播种期：4月10—25日

出苗期：4月25日至5月25日

现蕾期：5月25日至6月15日

开花期：6月下旬至7月初

吐絮期：8月下旬至9月初

（三）施肥量

壤土棉田亩施有机肥1.5吨以上或者油渣80千克，亩施尿素38千克左右、磷酸二铵15~18千克，施用少量钾肥，氮磷比控制在1∶(0.35~0.4)；沙土棉田亩施有机肥2吨以上或者油渣100千克，亩施尿素40千克左右、磷酸二铵20千克左右，施用少量钾肥5~8千克，氮磷比控制在1∶(0.4~0.5)。

（四）灌水定额

壤土棉田滴水8~10次，亩滴水量240~260立方米，8月下旬停水；戈壁及沙土地棉田滴水10~12次，亩滴水量280~320立方米，9月上旬停水。

四、主要栽培技术

（一）播前准备

（1）秋翻冬灌：秋季深翻冬灌，耕深25~28厘米，治虫压碱蓄墒，将地整成待播状态。

（2）播前水：灌水量100~120立方米/亩。已秋翻冬灌地，墒情较好，不需再灌；跑墒严重，墒情较差，仍需春灌。盐碱较重的地块，播前灌水量增加到150立方米/亩以上。

（3）化学除草：严格选用专用除草剂进行土壤封闭，每亩用48%氟乐灵100~120毫升，对水40~50千克，均匀喷洒，及时耙耱混入土壤表层，晾1~2天，防除棉田杂草。

（4）播前整地：犁过的地立即进行耙耱保墒，防止耕层水分

蒸发。播前整地质量达到“齐、平、墒、碎、净、松、直”标准，要求土壤上松下实，便于提高播种质量。

（二）适期早播

这时期是指棉花自播种至出苗这段时间。主要措施是：

（1）选种及种子处理：选用优质良种，种子纯度不低于95%、净度不低于99%、发芽率不低于85%、水分不高于12%、健籽率达95%以上的包衣种子。

（2）播种时间：膜下5厘米土壤温度稳定通过12℃时即可播种。适宜播期4月5—20日。

（三）播种技术

（1）合理密植：株行距配置采用一膜4行，（30厘米+50厘米+30厘米）+55厘米与（20厘米+40厘米+20厘米）+60厘米，或者宽膜，三膜12行，60厘米+20厘米，株距9~10厘米，理论播种密度每亩1.7万~1.9万株。亩收获株数1.4万~1.6万株。

（2）播种质量：播深3厘米左右，播量5~6千克/亩，每穴下种2~3粒，精量播种2~2.4千克/亩，每穴1粒，覆土1.5~2厘米。要保持播深一致、播行端直、行距准确、下籽均匀、覆土良好、压膜严实，无漏行漏穴现象。空穴率不超过3%，力争达到一播全苗。

（3）护膜防风：播种后及时查膜，用细土将穴孔封严，将膜面清扫干净，每隔5米用土压一条护膜带，防止大风将地膜掀起。

（4）助苗出土，放苗补种：雨后要及时破碱壳助苗出土。出苗后待子叶由黄转绿时，按既定株距及时破膜放苗，棉株茎部孔口用土封严，晴天放苗应避开中午；如有寒流、大风将至，要推迟放苗。临出苗前及时检查发芽和烂种情况，烂种地块及50厘米以上缺苗、断垄，用浸泡好的棉种及时补种，确保全苗。

（四）苗期管理

苗期指棉花出苗至现蕾这段时间。此时期棉株主要是扎根、长茎、生叶，增大营养体，以营养生长为主。苗期管理的目标是保持土壤水分，提高土壤温度，促进根系发育，达到出早苗、保全苗、留匀苗、促壮苗早发。具体措施主要体现在早管上，即早补种、早定苗、早中耕除草。具体措施是：

（1）早定苗：待棉苗显行两片子叶展平时进行定苗。选留大苗、壮苗，去病苗、弱苗；培好“护脖土”，不留双株，实现匀苗密植，一叶一心时完成定苗。精量播种棉田可不定苗。

（2）中耕除草：及时中耕能提温保墒，促进支根早出，提高幼苗抗性，减少病虫害发生。苗期一般中耕三次以上，第一次在子叶期，浅耕 5~8 厘米；第二次中耕结合定苗，深度可达 10 厘米；第三次中耕在现蕾前，深度达 15 厘米，此时地上部分生长加快，深中耕可促根下扎并控制节间。

（3）苗期化控：化控依照少量多次、前轻后重、逐次增量的原则，根据棉苗长势及天气情况，同时要注意品种对缩节胺的敏感性，头水前进行 1~2 次化控。2 叶期进行第一次化调，亩用缩节胺 0.2~0.3 克；4~5 叶进行第二次化调，亩用缩节胺 0.5~0.6 克。

（4）叶面肥喷施：若因天气、风沙等因素引起弱苗、僵苗，每亩可用赤霉素 0.5 克+尿素 100 克+磷酸二氢钾 100 克叶面喷施，促苗早发。

（5）补施微肥：叶面喷施微量元素是增蕾、防落、提高铃重、促进早熟的关键技术。缺锌植株长势差，蕾铃发育不良；缺硼易引起蕾而不花、花儿不铃、落蕾落铃。可根据生产实际，在棉花各生产时期补施微肥。

（五）蕾期管理

蕾期是指从现蕾到开花这段时间。主要以长根、茎、叶、蕾和不断增长果枝为主。蕾期主茎生长，日增长量为：初蕾 0.5~1 厘米、盛蕾 1~1.5 厘米，现蕾时株高 20 厘米左右，主茎展叶 6~8 片，节间短而密，叶色油绿。现蕾后即进入营养生长和生殖生长并进时期。管理主要目标：协调好营养生长与生殖生长的关系，使壮苗早发，增蕾稳长。具体措施是：

（1）深中耕：进行深中耕，可起到抗旱保墒，消灭杂草，促进根系向深度和广度扩展，有利于培育壮根壮株。

（2）合理化控：应进行全程化控。棉株开始现蕾后，可视棉苗长势，每亩用缩节胺 0.5~0.8 克喷施，头水前 3~5 天再喷施缩节胺 1~2 克调控。

（3）叶面追肥，根据棉花生育期特点用磷酸二氢钾 100 克+尿素 50 克、微肥等叶面肥进行叶面喷施。对旺长棉田管理上应以控为主，抑制株高，调节养分，增强现蕾强度，及时进行化控，深中耕，追肥时要控制氮肥用量，适当推迟棉田灌水时间，实行水控蹲苗。对弱长棉苗，要及时追施叶面肥，勤中耕松土，提高土温，增强土壤通透性，促进根系生长，适当提前追肥，灌头水，以促进棉苗生长发育。

（六）花铃期管理

棉花花铃期指从棉花开始开花至吐絮这段时间，历时 55~70 天。棉株逐渐由营养生长与生殖生长阶段转向生殖生长为主，边长茎、枝、叶，边现蕾、开花、结铃，是决定棉花产量和品质的关键时期。此时期的管理目标为：控初花、促盛花，协调营养生长和生殖生长的关系及个体与群体的关系，达到桃多、桃大、高产、优质。

（1）重施花铃肥：花铃期是保伏桃、争秋桃、桃多、桃大、不早衰的关键措施。

（2）还可进行叶面追肥，在 7 月下旬 8 月上旬铃期，根据田间长势，亩用磷酸二氢钾 200 克+尿素 100 克或其他微肥进行叶面追肥 1~2 次，以达到保铃增重的目的。

（3）科学调控：苗期适时化控 2 次。第 3 次化控在 6~7 片叶，亩用缩节胺 1.5~2 克，加水 25~30 千克叶面喷洒，沙土棉田僵苗或者长势瘦弱的则无需此次化控。第 4 次化控在 9~10 片叶期，亩用缩节胺 3~4 克，加水 30 千克叶面喷施。第 5 次化控在打顶后 5~7 天，亩用缩节胺 8~10 克进行化控，要防止用量过大，影响顶部果枝伸长和结铃。

（4）适时打顶、整枝

①打顶：按照“时到不等枝、枝到不等时”的原则，在果台

数达到8~10台时立即开始打顶，一般在7月5日开始，7月20日前结束。打顶标准是打去一叶一心，严禁大把揪的现象，打去的顶尖要集中装袋掩埋，防止棉铃虫为害。

②打无效花蕾：8月初以大蕾为界，8月10日以后以花为界，人工摘除无效花蕾，促进田间通风透光，减少无效养分消耗，确保中下部棉铃生长的营养需要，增加铃重，促进成熟。

（七）棉花后期管理

棉花后期是指棉花从吐絮至收花基本结束这段时间。此时期棉株生长发育的特点是：营养生长减弱，趋于停止，棉铃由下而上逐渐吐絮成熟。此时期的栽培管理目标是：促进早熟，防止早衰或贪青晚熟，及时收花，提高棉纤维品级。应采取的具体措施有：

（1）整枝：对秋季降温早的年份或旺长贪青和9月下旬有大部分棉铃吐絮的棉田，应尽早打老枝、剪空枝，改善其通风透光条件，同时用乙烯利120~200克/亩等催熟剂喷雾，对贪青晚熟棉田促进早熟。

（2）推株并垄：对密度大、长势过旺的棉田进行人工推株并垄，以促进田间通风透光，增温降湿，防止烂桃，促进棉铃吐絮成熟，及时采收。

（3）收花：棉铃充分开裂后及时收花，收花时要严格分级。僵瓣花、劣质花要单收单放，严禁混入优质花。严格做到“五分”：分摘、分晒、分运、分扎、分储。

（4）清除残膜：采取头水前揭膜，收花后拾净棉田残膜，集中处理，不要将残膜堆放在田边渠旁，防止二次污染。

（八）水肥管理

（1）合理灌溉：滴水灌溉要根据实际情况及时调整灌水量和灌水时间，带墒播种棉田6月15日前后开始滴水，第一水滴25~30立方米/亩，7~8天后滴第二水15~20立方米/亩，以后每隔7~10天一次，每次25~30立方米/亩；8月10天一次，每次20~25立方米/亩，根据气温及土壤墒情，壤土棉田8月底或者9月初滴最后一次水；沙土棉田9月上旬滴出苗水，10~15立方米/亩。

干播湿出棉田播后3~5天滴出苗水10~15立方米/亩，棉株生长期5月中、下旬滴头水20~25立方米/亩，其他同上。

（2）施肥管理：滴灌棉田在盛蕾初花期，从灌头水开始每次滴施棉花滴灌专用肥3~4千克/亩；花铃期，待基部坐着直径2厘米的幼铃时逐渐加大滴肥量，滴施专用肥4~5千克/亩，做到一水一肥。8月逐渐减少，一直延续到9月上旬。

（九）病虫害防治

（1）防棉蓟马：棉苗现行后子叶展开时，立即用氧化乐果1 000倍液每亩30~40千克，进行喷药以防棉蓟马，5月10日后严禁喷药以免伤害天敌。

（2）棉蚜防治：①防治策略：合理作物布局，狠抓越冬虫源防治，控制点片发生为害，科学用药挑治，严禁大面积施用农药，充分保护利用天敌，增益控害。②农业防治措施：实行棉麦邻作或在地头、边行种植苜蓿、油菜等诱集作物，改变农田单一的生态结构，创造有利于天敌栖息繁殖的环境，提高对害虫的控制能力。③棉蚜越冬寄主防治：早春集中对花卉、温室大棚、越冬寄主进行大范围统防统治，消灭越冬蚜源，降低越冬基数。温室大棚用敌敌畏制剂及烟雾剂进行药物熏蒸，花卉埋施铁灭克、呋喃丹颗粒制剂，室外寄主如石榴树、花椒等植物喷施氧化乐果、蚜虱净等药剂防治。④棉田点片发生期防治：发现蚜株，及时用氧化乐果等内吸性杀虫剂1∶（5~10）倍液涂茎。发现一株有棉蚜，要涂至中心1~2平方米，发现一株治一圈，发现一点治一片的办法防止扩散，将棉蚜控制在点片阶段。⑤棉蚜扩散期防治：以生物防治为主，严禁棉田大面积喷药，依靠天敌自然控制。防治指标为：卷叶株30%左右，棉田益害比1∶250。若达不到上述指标，则不能盲目滥用农药。

（3）棉花叶螨（红蜘蛛）防治：本着灭虫源，冬前清除棉田杂草，以压低越冬虫量，翻耕整地，冬季灌溉，棉苗出土前，及时铲除田间或田外杂草，压低虫源；对棉花叶螨为害重的棉田进行喷药挑治，实行棉田控点、控株，协调运用农业防治、生物防治和化学防治等方法，力争把棉叶螨消灭在6月底以前，保证棉花不受害、不减产。

（4）棉铃虫防治

①农业防治：实行秋耕冬灌，铲埂除蛹，压低越冬虫口基数。在棉田两侧种植4~6行玉米诱集带，以早熟品种为宜，诱集棉铃虫在玉米上产卵，并及时进行药剂处理，以减少棉田危害。

②物理防治：采用频振式杀虫灯诱杀成虫。在棉田按一定比例安置频振式杀虫灯，根据预测预报在发蛾初期定时开灯灭蛾。

③生物防治：首先要保护和利用天敌。其次，在达标田虫龄2龄以下，落卵量达15~20粒时，使用生物农药，如BT乳剂，亩用量250~300克或核多角体病毒NPV，亩用量50克。

④化学防治：达标田棉铃虫幼虫5头，2龄以上，实行药剂挑治，因地制宜，分类指导，正确选择农药、交替轮换用药，可轮换使用赛丹2 000倍液、功夫等菊酯类化学药剂进行喷雾防治。

（5）棉盲椿象防治

①消灭棉田四周的藜科杂草。

②合理安排棉田邻作，实行棉麦邻作。

③注意灌水和施肥。因盲椿象有趋嫩性，故要防止棉株病化，及时化控。在不影响生长发育的情况下，灌水宜晚不宜早。要合理施用化肥，防止氮肥过量。

④药剂防治。第一次灌水前后，百株棉花有成虫20头或百网捕到成虫80头时，抑或发现新被害株（嫩头有黑点，小蕾变黑）达到2%~3%时，立即喷药防治。此时天敌已开始进地，所用药剂应尽量选用对天敌比较安全，对棉盲椿象高效的药剂，严禁杀伤大量天敌，以免引起棉蚜大发生。

附件2

棉花亩产皮棉250千克栽培技术规程

本规程为国家棉花工程技术研究中心根据不同棉区实际情况，

制定的滴灌条件下亩产皮棉250千克棉花栽培技术规程。在栽培技术规程执行中，农户和技术人员应根据棉花生长发育实际情况，参照调整执行。

一、适应范围

本规程适应于南疆尉犁等棉花高产地区以及北疆部分棉花高产地区，要求无霜期200天以上，光热充足，水资源充足。

二、品种选择

选择丰产、抗病、品质好的品种，南疆可选择新陆中系列，如新陆中47、新陆中54等，北疆可选择新陆早系列，如新陆早42、新陆早48等。

三、产量结构及主要技术指标

项　目		指　标
产量结构	收获株数（万株/亩）	1.4~1.5
	单株铃数（个）	8~9
	单铃重（克）	5.0~5.5
	衣分率（%）	40
	霜前花率（%）	≥90
	皮棉产量（千克/亩）	250
丰产长相	株高（厘米）	70~80
	果台数（台）	10~11
生育进程	播种	4月1—20日
	出苗	4月20日—5月5日
	现蕾	5月下旬—6月初
	开花	6月下旬—7月初
	吐絮	9月上旬

四、主要栽培技术

（一）播种准备

1. 严格选地

选择有机质含量平均在1%以上，土壤碱解氮含量≥70毫克/

千克，土壤速效磷≥20 毫克/千克，土壤速效钾≥180 毫克/千克，土壤总盐量在 0.3%以下，土质以壤土或轻黏土为宜。

2. 播前整地

种植棉花耕地需要进行冬（春）灌，亩灌水量为 100~120 立方米，土地平整、养分丰富。春季适墒整地，犁地深度 28 厘米以上，做到上虚下实。采用丁齿耙（或联合整地机）复式作业，整地深度 5~6 厘米。做到无残膜、无残秆、无大土块，达到“平、碎、松、净、墒、齐”六字标准。

3、基肥施用

基肥均匀撒施，深翻入土。亩施农家肥 2 吨或油渣 120~150 千克，磷酸氢二铵 20~25 千克，尿素 10~15 千克（或重过磷酸钙 20~25 千克，尿素 15~20 千克），钾肥 5~8 千克。

4. 化学除草

结合整地同时进行化学除草。喷后及时耙地混土，进行土壤封闭，然后切耙至待播状态。

氟乐灵：亩用量 100~120 毫升，对水 25 千克，阴天、傍晚或夜间作业。

禾耐斯：亩用量 60~80 毫升，对水 25 千克。

5. 品种选择与种子处理

（1）品种选择：选择生育期适宜、丰产潜力大、抗逆性强的棉花品种。

（2）种子质量：符合国标棉花常规种大田用种质量要求，且发芽率≥85%。

（3）人工选种：选择饱满、粒大、充分成熟的种子，去除瘪籽、异籽、烂籽及毛头多的种子，健籽率≥95%，破碎率≤1%。

（4）晒种及包衣（拌种）：对未包衣种子晒种 3 天，促进种子后熟，选用当地适合的种衣剂或拌种剂按技术要求进行包衣或拌种。

（二）播种

1. 管理目标

要尽量适期早播，做到一播全苗。

2. 技术与管理措施

（1）适期早播：根据气候、耕地墒情、机械准备和综合生产计划的实际情况，当地气温稳定在 10℃以上，膜下 5 厘米地温连续 3 天稳定通过 12℃即可播种，播种期一般为 4 月上中旬，温度适宜时尽量早播，促进早发。

（2）铺膜及播种方式：采用一管二行膜下滴灌精量播种，亩播种量 1.8~2.2 千克。播深 2.0 厘米左右，覆土厚度<2 厘米，保证种子入湿土 1 厘米以上。空穴率≤3%，错位率≤3%。播种密度每亩 1.7 万~1.8 万株。

铺膜平展，压膜严实，播行端直，行距一致，下籽均匀，覆土严密，接行准确。滴灌带松紧适宜，不应有拉伸和扭曲。两头固定并扎好头，有断头则用直通接好。

（3）播后田间管理

①棉田播种结束后及时进行覆土、封孔和扫膜、护膜，以保证保墒采光效果。

②及时安装滴灌设备，对于因表墒不足、出苗有困难的棉田，及时滴水出苗。常规滴灌滴水量 10~12 立方米/亩。

③出苗前如遇雨天，雨后及时破除碱壳，以利于种子顶土出苗；注意防风减灾，播后人工压防风带。

④播种后及时机力中耕，中耕时以不拉膜边为原则，做到不留隔墙、不起大土块、不拉沟、深度 12~14 厘米，破除板结、提温保墒。

（三）苗期管理

1. 管理目标

保全苗，留匀苗，促壮苗早发，争齐苗。

2. 长势长相与田间诊断指标

棉花敦实，宽大于高，茎粗节密，叶片平展，大小适中。苗期红茎比 0.2～0.4，叶面积指数 0.08～0.10，土壤含水量 19%～20%，主茎日生长量 0.3～0.5 厘米，株高 15～20 厘米，5～6 叶现蕾。

3. 技术与管理措施

各项措施的实施要“早”，做到人机结合，做好查苗、查种、查墒，进行补种补墒。

（1）放苗封孔：棉苗出土 50%，子叶转绿时，及时查苗、放苗、封孔，采取边放苗边封孔，错位苗要辅助出苗、封孔，保证全苗。

（2）定苗及补种：棉苗两片子叶展开时进行定苗，两片真叶时结束，严禁留双苗，做到一穴一苗，去弱留壮，去病留健。亩保苗株数为 1.4 万～1.6 万株。断行处及时补种。

（3）中耕及除草：定苗后及时机械中耕松土，苗期中耕一二次，耕深 14～18 厘米，重黏土可分层中耕，逐渐加深；沙壤土一次到位，做到不起大土块、不拉膜、不伤苗、不埋苗，行间平整、松碎，并结合中耕去除杂草。

（4）苗期化控：化控依照少量多次、前轻后重、逐次增量的原则，根据棉苗长势及天气情况，头水前进行 1～2 次化控。2 叶期进行第一次化调，亩用缩节胺 0.2～0.3 克；4～5 叶进行第二次化调，亩用缩节胺 0.5～0.6 克。

（5）叶面肥喷施：若因天气、风沙等因素引起弱苗、僵苗，每亩可用赤霉素 0.5 克+尿素 100 克+磷酸二氢钾 100 克叶面喷施，促苗早发。

（6）补施微肥：叶面喷施微量元素是增蕾、防落、提高铃重、促进早熟的关键技术。缺锌植株长势差，蕾铃发育不良；缺硼易引起蕾而不花、花儿不铃、落蕾落铃。可根据生产实际，在棉花各生产时期补施微肥。

（四）蕾期管理

1. 管理目标

多现蕾、早开花，重视化促化控，促使棉株稳长，搭好高产

架子。

2. 长势长相与田间诊断指标

株型紧凑，茎秆粗壮，节间分布匀称，叶片大小适中，蕾多、大。主茎日生长量初蕾期在0.5~0.8厘米，盛期达到0.8~1.2厘米，红茎比为60%~70%，叶龄11~12，株高40~45厘米，叶面积指数0.7~1.2，土壤养分指标碱解氮≥66.0毫克/千克、速效磷≥28.0毫克/千克。

3. 技术与管理措施

蕾期是棉花营养生长与生殖生长并进时期，但主要以营养生长为主，田间管理在壮苗早发的基础上，采取合理的促控措施，调节棉株地上部与地下部、营养生长与生殖生长的关系，实现稳长，塑造理想的株型。

（1）中耕除草

①头水前进行一次中耕，耕深14厘米左右，除尽根际杂草。头水后适墒时及时中耕。

②对田埂的杂草进行铲除或喷药，减少虫害，切实抓好棉田红蜘蛛的调查和点片挑治工作。

（2）化控化促：因苗而异，分类管理。

①对旺长型棉花，亩用1.5~2.0克缩节胺对水30千克。

②对壮苗以喷施全营养叶面肥为主，可以用缩节胺进行微调。

③对弱苗类要禁止使用含缩节胺成分的叶面肥，可喷施920、赤霉素或者磷酸二氢钾80~100克/亩，促苗稳长。

④盛蕾期叶面喷施锌、硼等微肥。

（3）水肥管理：视棉苗及天气情况适当提前滴水滴肥，肥料以尿素为主。6月滴水2~3次，随水施肥，间隔7~10天。滴肥时先滴1小时清水，停水前滴1~2小时清水。

蕾期水肥管理

滴水次数（次）	时间	亩滴水量（立方米）	亩滴肥量（千克）
1	6月上旬	20~25	2~3（尿素）

续表

滴水次数（次）	时间	亩滴水量（立方米）	亩滴肥量（千克）
2	6月中旬	25~30	2~3（尿素）
3	6月下旬	30~35	3~4（尿素）

（五）花铃期管理

1. 管理目标

以水肥运筹为中心，早结伏前桃，多结伏桃，防早衰，加强对病虫害的防治力度。

2. 长势长相与田间诊断指标

株型紧凑，茎秆下部粗壮，向上渐细，节间较短，果枝健壮，叶片大小适中，叶色正常，花蕾肥大，脱落少。6月中旬封小行，7月底封大行，“下封上不封”。盛花期主茎日生长量1.2~1.5厘米，红茎比为70%~80%，叶面积指数3.6~4.4，土壤含水量17%~22%，土壤养分指标碱解氮≥63.9毫克/千克、速效磷≥21.1毫克/千克，株高75厘米左右。

3. 技术与管理措施

花铃期是棉花营养生长与生殖生长的两旺时期，也是水肥需求量最多的时期。田间管理要注意协调两者之间的关系，促进棉花稳健生长，减少花蕾铃的脱落。

（1）水肥管理：灌好花铃水，重施花铃肥，开花后加大滴水量，滴水间隔7天，最长不超过9天，盛铃期以后滴水量逐渐减少，7月滴水3~4次，8月滴水3次，随水施肥。

花铃期水肥管理

滴水次数（次）	时间	亩滴水量（立方米）	亩滴肥量（千克）
4	7月上旬	30~35	4~5（尿素）
5	7月中旬	30~35	4~5（尿素）
6	7月中下旬	35~40	5~6（尿素）
7	7月下旬	35~40	5~6（尿素）

续表

滴水次数（次）	时间	亩滴水量（立方米）	亩滴肥量（千克）
8	8月上旬	30~35	5~6（尿素）
9	8月中旬	25~30	3~4（尿素）
10	8月下旬	20	2~3（根据实际情况）

（2）化学调控：一般棉田花铃期需化控二次，第一次化控在8叶至9叶进行，亩用缩节胺量2.5~4克。第二次在7月上旬打顶结束后，化控亩用缩节胺6~8克封顶，每亩加磷酸二氢钾150~200克，既补充棉花营养又可以驱避二代棉铃虫产卵。微肥以硼肥为主，配施其他微肥叶面喷施，或喷施全面营养型叶面肥。

（3）打顶：坚持"枝到不等时，时到不等枝"的原则。打顶时间：一般7月上旬开始，7月10日前结束。要求只打掉一心一叶，不漏打。及时封闭：打顶后5~7天，最后一果枝伸出后用8~10克缩节胺进行封闭，一次封闭不彻底的，要及时进行第二次封闭，直到棉花颜色转深绿为止。

（六）吐絮期管理

1. 管理目标

促早熟、防早衰和贪青晚熟、增铃重、提高棉纤维品级。

2. 长势长相与田间诊断指标

植株健壮、下絮上花，晚蕾少，叶片青绿，顶部果枝平展，通风透光良好。

3. 技术与管理措施

进入吐絮期后，可视棉田和天气情况，继续通过滴水滴肥，防止棉花后期早衰，亩灌水量15立方米。

（1）田间管理：抓好棉花停水时间，既要防止贪青晚熟，又要确保青枝绿叶吐白絮。一般滴灌停水时间控制在9月5日前后。

（2）对于贪青晚熟的棉田，及时进行人工推株并垄，增加棉田通风透光性。

（3）如果采用机采，要适时做好机采棉脱叶剂的喷洒工作。根据气温变化及早霜情况，确定脱叶剂喷洒时间和用量。一般在9月底至10月初进行，亩用30~40克脱落宝加70克乙烯利，要求喷洒均匀、不漏喷，脱叶率达到92%以上。

（4）及时采收：棉花吐絮后7~10天，及时组织人工拾花，在11月10日前结束拾花。棉花采摘要严格分级，做到四白（白帽子、白兜子、白袋子、白绳子）、四分（霜前花和霜后花、好花与僵瓣花、好花与虫害花、好花与黄染花分拾、分晒、分运、分垛、分轧）、六不带（不带草叶、不带草籽、不带棉壳、不带头发、不带纤维丝、不带动物毛），严格把好籽棉进晒场前的检验定级工作，防止混收降低等级。

（5）回收滴灌设备：及时回收毛管，并将滴灌设备中的干管和支管拆卸、清洗、分类、入库，以备来年使用。

（6）清除残膜：收花后用人工或机械清除田间残膜，残膜回收率要求达到85%以上，以减少对土壤的污染。

五、病虫害防治

坚持"预防为主，综合防治"的植保方针，重点做好棉蚜和棉叶螨的防治工作。

采取"生物生态压两头，科学用药控中间"的措施，即通过农业、生物、化学及物理防治方法，协调运用，创造有利于作物生长发育及天敌栖息繁衍，而不利于害虫发生、发展的生态环境，压低前、后期害虫的发生基数。病虫害防治要在加强虫情测报、害虫抗药性监测的基础上，严格掌握防治适期和防治指标，合理混用、轮用化学农药，控制中期害虫为害。

1. 棉叶螨防治

在棉叶螨中心株和点片阶段，发动棉农查找中心螨株或点片地块，并做好标记，抓好中心螨株和点片防治。当棉叶螨大面积发生，选用对天敌安全的农药（如15%哒螨灵乳油、20%三氯杀螨醇、40%螨危等杀螨剂对水喷雾）进行防治。

2. 棉蚜防治

春季在室内花卉和温室大棚里施药二次进行防治棉蚜。抓好中心蚜株或点片地块防治。选用蚜虱净等选择性杀虫剂或洗尿合剂（按洗衣粉：尿素：水为 1：4：100，叶片正反两面喷涂均匀）进行点片喷雾防治，控制蔓延。当棉田卷叶率达到一定程度时，使用吡虫啉类及啶虫脒类等对天敌较安全的药剂，进行全田普治。

3. 棉铃虫防治

实行秋耕冬灌、铲埂除蛹，压低越冬基数。种植诱集带并加强诱集带的管理，及时对诱集带上的虫卵进行药剂处理，集中消灭虫源。布置和管理好杀虫灯，尽可能扩大防治范围，提高杀虫效率。大田内达到防治指标时可先择 1%甲氨基阿维菌素乳油 833~1 000 倍液、5%氟铃脲乳油 715~1 000 倍液等在棉田棉铃虫卵孵化盛期喷雾使用。

4. 棉蓟马防治

幼苗期：百株虫量达 15~20 头时进行药剂防治，一般棉苗出齐后应立即防治。

棉花苗期：可以用 2.5%敌杀死乳油 2 000~3 000 倍液，或用 10%吡虫啉可湿性粉剂 2 000 倍液喷雾防治。

附件 3

南疆中早熟棉区棉花栽培技术规程

（亩产皮棉 150 千克）

一、适应范围

本规程为国家棉花工程技术研究中心结合南疆各棉区实际情况，制定的亩产皮棉 150 千克栽培技术规程。在执行中，农户和技术人员应根据棉花生长发育实际情况，参照调整执行。

二、适应品种

选择丰产、抗病、品质好的品种，例如新陆中 36 号、新陆中 47 号、新陆中 54 号等新陆中系列。

三、主要技术指标

（一）产量结构

产量目标为亩产皮棉150千克以上。田间理论株数17 000~19 000株/亩，收获株数14 000~16 000株/亩，株高70~80厘米，单株果枝台数7~8台，单株结铃5~6个，平均铃重5.0~5.5克，衣分40%左右，霜前花率85%以上。

（二）气候条件和生育进程

无霜期180天以上，棉花生育阶段≥10℃的积温3 300 ℃·天以上，7月平均温度≥24℃。

播种期：4月10—25日

出苗期：4月25日至5月25日

现蕾期：5月25日至6月15日

开花期：6月下旬至7月初

吐絮期：8月下旬至9月初

（三）施肥量

壤土棉田亩施有机肥1.5吨以上或者油渣80千克，亩施尿素38千克左右、磷酸二铵15~18千克，施用少量钾肥，氮磷比控制在1∶(0.35~0.4)；沙土棉田亩施有机肥2吨以上或者油渣100千克，亩施尿素40千克左右、磷酸二铵20千克左右，施用少量钾肥5~8千克，氮磷比控制在1∶(0.4~0.5)。

（四）灌水定额

壤土棉田滴水8~10次，亩滴水量240~260立方米，8月下旬停水；戈壁及沙土地棉田滴水10~12次，亩滴水量280~320立方米，9月上旬停水。

四、主要栽培技术

（一）播前准备

（1）秋翻冬灌：秋季深翻冬灌，耕深25~28厘米，治虫压碱蓄墒，将地整成待播状态。

（2）播前水：灌水量100~120立方米/亩。已秋翻冬灌地，墒情较好，不需再灌；跑墒严重，墒情较差，仍需春灌。盐碱较重的

地块，播前灌水量增加到150立方米/亩以上。

（3）化学除草：严格选用专用除草剂进行土壤封闭，每亩用48%氟乐灵100~120毫升，对水40~50千克，均匀喷洒，及时耙耱混入土壤表层，晾1~2天，防除棉田杂草。

（4）播前整地：犁过的地立即进行耙耱保墒，防止耕层水分蒸发。播前整地质量达到“齐、平、墒、碎、净、松、直”标准，要求土壤上松下实，便于提高播种质量。

（二）适期早播

这时期是指棉花自播种至出苗这段时间。主要措施是：

（1）选种及种子处理：选用优质良种，种子纯度不低于95%、净度不低于99%、发芽率不低于85%、水分不高于12%、健籽率达95%以上的包衣种子。

（2）播种时间：膜下5厘米土壤温度稳定通过12℃时即可播种。适宜播期4月5—20日。

（三）播种技术

（1）合理密植：株行距配置采用一膜4行，（30厘米+50厘米+30厘米）+55厘米与（20厘米+40厘米+20厘米）+60厘米，或者宽膜，三膜12行，60厘米+20厘米，株距9~10厘米，理论播种密度每亩1.7万~1.9万株。亩收获株数1.4万~1.6万株。

（2）播种质量：播深3厘米左右，播量5~6千克/亩，每穴下种2~3粒，精量播种2~2.4千克/亩，每穴1粒，覆土1.5~2厘米。要保持播深一致、播行端直、行距准确、下籽均匀、覆土良好、压膜严实，无漏行漏穴现象。空穴率不超过3%，力争达到一播全苗。

（3）护膜防风：播种后及时查膜，用细土将穴孔封严，将膜面清扫干净，每隔5米用土压一条护膜带，防止大风将地膜掀起。

（4）助苗出土，放苗补种：雨后要及时破碱壳助苗出土。出苗后待子叶由黄转绿时，按既定株距及时破膜放苗，棉株茎部孔口用土封严，晴天放苗应避开中午；如有寒流、大风将至，要推迟放苗。临出苗前及时检查发芽和烂种情况，烂种地块及50厘米以上缺苗、断垄，用浸泡好的棉种及时补种，确保全苗。

（四）苗期管理

苗期指棉花出苗至现蕾这段时间。此时期棉株主要是扎根、长茎、生叶，增大营养体，以营养生长为主。苗期的管理目标是保持土壤水分，提高土壤温度，促进根系发育，达到出早苗、保全苗、留匀苗、促壮苗早发。具体措施主要体现在早管上，即早补种、早定苗、早中耕除草。具体措施是：

（1）早定苗：待棉苗显行两片子叶展平时进行定苗。选留大苗、壮苗，去病苗、弱苗；培好"护脖土"，不留双株，实现匀苗密植，一叶一心时完成定苗。精量播种棉田可不定苗。

（2）中耕除草：及时中耕能提温保墒，促进支根早出，提高幼苗抗性，减少病虫害发生。苗期一般中耕 3 次以上，第一次在子叶期，浅耕 5~8 厘米；第二次中耕结合定苗，深度可达 10 厘米；第三次中耕在现蕾前，深度达 15 厘米，此时地上部分生长加快，深中耕可促根下扎并控制节间。

（3）苗期化控：化控依照少量多次、前轻后重、逐次增量的原则，根据棉苗长势及天气情况，同时要注意品种对缩节胺的敏感性，头水前进行 1~2 次化控。2 叶期进行第一次化调，亩用缩节胺 0.2~0.3 克；4~5 叶进行第二次化调，亩用缩节胺 0.5~0.6 克。

（4）叶面肥喷施：若因天气、风沙等因素引起弱苗、僵苗，每亩可用赤霉素 0.5 克+尿素 100 克+磷酸二氢钾 100 克叶面喷施，促苗早发。

（5）补施微肥：叶面喷施微量元素是增蕾、防落、提高铃重、促进早熟的关键技术。缺锌植株长势差，蕾铃发育不良；缺硼易引起蕾而不花、花儿不铃、落蕾落铃。可根据生产实际，在棉花各生产时期补施微肥。

（五）蕾期管理

蕾期是指从现蕾到开花这段时间。主要以长根、茎、叶、蕾和不断增长果枝为主，蕾期主茎生长，日增长量为：初蕾 0.5~1 厘米，盛蕾 1~1.5 厘米，现蕾时株高 20 厘米左右，主茎展叶 6~8

片，节间短而密，叶色油绿。现蕾后即进入营养生长和生殖生长并进时期。管理的主要目标：协调好营养生长与生殖生长的关系，使壮苗早发，增蕾稳长。具体措施是：

（1）深中耕：进行深中耕，可起到抗旱保墒，消灭杂草，促进根系向深度和广度扩展，有利于培育壮根壮株。

（2）合理化控：应进行全程化控。棉株开始现蕾后，可视棉苗长势，每亩用缩节胺 0.5~0.8 克喷施，头水前 3~5 天再亩喷施缩节胺 1~2 克调控。

（3）叶面追肥，根据棉花生育期特点，用磷酸二氢钾 100 克+尿素 50 克、微肥等叶面肥进行叶面喷施。对旺长棉田管理上应以控为主，抑制株高，调节养分，增强现蕾强度，及时进行化控，深中耕，追肥时要控制氮肥用量，适当推迟棉田灌水时间，实行水控蹲苗。对弱长棉苗，要及时追施叶面肥，勤中耕松土，提高土温，增强土壤通透性，促进根系生长，适当提前追肥，灌头水，以促进棉苗的生长发育。

（六）花铃期管理

棉花花铃期指从棉花开始开花至吐絮这段时间，历时 55~70 天。棉株逐渐由营养生长与生殖生长阶段转向生殖生长为主，边长茎、枝、叶，边现蕾、开花、结铃，是决定产量和品质的关键时期。此时期的管理目标为：控初花、促盛花，协调营养生长和生殖生长的关系、个体与群体的关系，达到桃多、桃大、高产、优质。

（1）重施花铃肥：花铃期是保伏桃、争秋桃、桃多、桃大、不早衰的关键措施。

（2）还可进行叶面追肥，在 7 月下旬 8 月上旬铃期，根据田间长势，亩用磷酸二氢钾 200 克+尿素 100 克或其他微肥进行叶面追肥 1~2 次，以达到保铃增重的目的。

（3）科学调控：苗期适时化控 2 次。第 3 次化控在 6~7 片叶，亩用缩节胺 1.5~2 克，加水 25~30 千克叶面喷洒，沙土棉田僵苗或者长势瘦弱的则无需此次化控。第 4 次化控在 9~10 片叶期，亩用缩节胺 3~4 克，加水 30 千克叶面喷施。第 5 次化控在打顶后 5~7

天，亩用缩节胺 8~10 克进行化控，要防止用量过大，影响顶部果枝伸长和结铃。

（4）适时打顶、整枝

①打顶：按照“时到不等枝、枝到不等时”的原则，在果台数达到 8~10 台时立即开始打顶，一般在 7 月 5 日开始，7 月 20 日前结束。打顶标准是打去一叶一心，严禁大把揪的现象，打去的顶尖要集中装袋掩埋，防止棉铃虫为害。

②打无效花蕾：8 月初以大蕾为界，8 月 10 日以后以花为界，人工摘除无效花蕾，促进田间通风透光，减少无效养分消耗，确保中下部棉铃生长的营养需要，增加铃重，促进成熟。

（七）棉花后期管理

棉花后期是指棉花从吐絮至收花基本结束这段时间。此时期棉株生长发育的特点是：营养生长减弱，趋于停止，棉铃由下而上逐渐吐絮成熟。此时期的栽培管理目标是：促进早熟，防止早衰或贪青晚熟，及时收花，提高棉纤维品级。应采取的具体措施有：

（1）整枝：对秋季降温早的年份或旺长贪青和 9 月下旬有大部分棉铃吐絮的棉田，应尽早打老枝、剪空枝，改善其通风透光条件，同时用乙烯利 120~200 克/亩等催熟剂喷雾，对贪青晚熟棉田促进早熟。

（2）推株并垄：对密度大、长势过旺的棉田进行人工推株并垄，以促进田间通风透光，增温降湿，防止烂桃，促进棉铃吐絮成熟，及时采收。

（3）收花：棉铃充分开裂后及时收花，收花时要严格分级。僵瓣花、劣质花要单收单放，严禁混入优质花。严格做到五分：分摘、分晒、分运、分扎、分储。

（4）清除残膜：采取头水前揭膜，收花后拾净棉田残膜，集中处理，不要将残膜堆放在田边渠旁，防止二次污染。

（八）水肥管理

（1）合理灌溉：滴水灌溉要根据实际情况及时调整灌水量和灌水时间，带墒播种棉田 6 月 15 日前后开始滴水，第一水滴 25~

30 立方米/亩，7~8 天后滴第二水 15~20 立方米/亩，以后每隔 7~10 天一次，每次 25~30 立方米/亩；8 月 10 天一次，每次 20~25 立方米/亩，根据气温及土壤墒情，壤土棉田 8 月底或者 9 月初滴最后一次水；沙土棉田 9 月上旬滴出苗水，10~15 立方米/亩。

干播湿出棉田播后 3~5 天滴出苗水 10~15 立方米/亩，棉株生长期 5 月中、下旬滴头水 20~25 立方米/亩，其他同上。

（2）施肥管理：滴灌棉田在盛蕾初花期，从灌头水开始每次滴施棉花滴灌专用肥 3~4 千克/亩；花铃期，待基部座着直径 2 厘米的幼铃时逐渐加大滴肥量，滴施专用肥 4~5 千克/亩，做到一水一肥。8 月逐渐减少，一直延续到 9 月上旬。

（九）病虫害防治

（1）防棉蓟马：棉苗现行后子叶展开时，立即用氧化乐果 1 000 倍液每亩 30~40 千克，进行喷药以防棉蓟马，5 月 10 日后严禁喷药以免伤害天敌。

（2）棉蚜防治：①防治策略：合理作物布局，狠抓越冬虫源防治，控制点片发生危害，科学用药挑治，严禁大面积施用农药，充分保护利用天敌，增益控害。②农业防治措施：实行棉麦邻作或在地头、边行种植苜蓿、油菜等诱集作物，改变农田单一的生态结构，创造有利于天敌栖息繁殖的环境，提高对害虫的控制能力。③棉蚜越冬寄主防治：早春集中对花卉、温室大棚、越冬寄主进行大范围统防统治，消灭越冬蚜源，降低越冬基数。温室大棚用敌敌畏制剂及烟雾剂进行药物熏蒸，花卉埋施铁灭克、呋喃丹颗粒制剂，室外寄主如石榴树、花椒等植物喷施氧化乐果、蚜虱净等药剂防治。④棉田点片发生期防治：发现蚜株，及时用氧化乐果等内吸性杀虫剂 1∶（5~10）倍液涂茎。发现一株有棉蚜，要涂至中心周围 1~2 平方米，发现一株治一圈，发现一点治一片的办法防止扩散，将棉蚜控制在点片阶段。⑤棉蚜扩散期防治：以生物防治为主，严禁棉田大面积喷药，依靠天敌自然控制。防治指标为：卷叶株 30%左右，棉田益害比 1∶250。若达不到上述指标，则不能盲目滥用农药。

（3）棉花叶螨（红蜘蛛）防治

本着灭虫源，冬前清除棉田杂草，以压低越冬虫量，翻耕整地，冬季灌溉，棉苗出土前，及时铲除田间或田外杂草，压低虫源；对棉花叶螨为害重的棉田进行喷药挑治，实行棉田控点、控株，协调运用农业防治、生物防治和化学防治等方法，力争把棉叶螨消灭在 6 月底以前，保证棉花不受害，不减产。

（4）棉铃虫防治

①农业防治：实行秋耕冬灌，铲埂除蛹，压低越冬虫口基数。在棉田两侧种植 4~6 行玉米诱集带，以早熟品种为宜，诱集棉铃虫在玉米上产卵，并及时进行药剂处理，以减少棉田危害。

②物理防治：采用频振式杀虫灯诱杀成虫。在棉田按一定比例安置频振式杀虫灯，根据预测预报在发蛾初期定时开灯灭蛾。

③生物防治：首先要保护和利用天敌。其次，在达标田虫龄 2 龄以下，落卵量达 15~20 粒时，使用生物农药，如 BT 乳剂，亩用量 250~300 克或核多角体病毒 NPV，亩用量 50 克。

④化学防治：达标田棉铃虫幼虫 5 头，2 龄以上，实行药剂挑治，因地制宜，分类指导，正确选择农药、交替轮换用药，可轮换使用赛丹 2 000 倍液、功夫等菊酯类化学药剂进行喷雾防治。

（5）棉盲椿象防治

①消灭棉田四周的藜科杂草。

②合理安排棉田邻作，实行棉麦邻作。

③注意灌水和施肥。因盲椿象有趋嫩性，故要防止棉株病化，及时化控。在不影响生长发育的情况下，灌水宜晚不宜早。要合理施用化肥，防止氮肥过量。

④药剂防治。第一次灌水前后，百株棉花有成虫 20 头或百网捕到成虫 80 头时又或发现新被害株（嫩头有黑点，小蕾变黑）达到 2%~3%时，即喷药防治。此时天敌已开始进地，所用药剂应尽量选用对天敌比较安全，对棉盲椿象高效的药剂，严禁杀伤大量天敌，以免引起棉蚜大发生。

附件 4

亩产皮棉 180~200 千克棉花高产栽培技术规程

本规程为国家棉花工程技术研究中心根据“十一五”国家科技支撑计划《棉花持续优质高效生产技术体系研究与示范》项目研究的最新成果，结合不同棉区实际情况，制定的滴灌条件下亩产皮棉 180~200 千克的棉花栽培技术规程。在执行中，农户和技术人员应根据棉花生长发育实际情况，参照调整执行。

一、适应范围

本规程适应于南疆阿克苏和库尔勒地区，以及北疆玛纳斯等地区。

二、品种选择

选择丰产、抗病、品质好的品种，南疆可选择新陆中系列，如新陆中 47、新陆中 54 等，北疆可选择新陆早系列，如新陆早 42、新陆早 50 等。

三、产量结构及主要技术指标

项目		指标
产量结构	收获株数（万株/亩）	1.4~1.6
	单株铃数（个）	6.5~7
	单铃重（克）	5.0~5.5
	衣分率（%）	40
	霜前花率（%）	≥85
	皮棉产量（千克/亩）	180~200
丰产长相	株高（厘米）	65~75
	果台数（台）	10~11
生育进程	播种	4 月 5—25 日
	出苗	4 月 20 日至 5 月 5 日
	现蕾	5 月下旬至 6 月初
	开花	6 月下旬至 7 月初
	吐絮	9 月上中旬

四、主要栽培技术

（一）播种准备

1. 土壤条件

土壤质地以壤土为好。土壤有机质平均在1%以上，土壤碱解氮含量平均60毫克/千克，土壤速效磷20毫克/千克，土壤速效钾平均150毫克/千克，土壤总盐量在0.3%以下。

2. 播前整地

种植棉花耕地需要进行冬（春）灌，亩灌水量为80立方米左右，土地平整、养分丰富。春季适墒整地，犁地深度28厘米，做到上虚下实。采用丁齿耙（或联合整地机）复式作业，整地深度5~6厘米。做到无残膜、无残秆、无大土块，达到“平、碎、松、净、墒、齐”六字标准。对未冬灌也未春灌缺墒棉田，要早播种并及时滴出苗水。

3. 基肥施用

基肥均匀撒施，深翻入土。亩施农家肥1.5~2吨或油渣100~150千克，磷酸氢二铵20~25千克，尿素10~15千克（或重过磷酸钙20~25千克，尿素15~20千克），钾肥5~8千克。

4. 化学除草

结合整地同时进行化学除草。喷后及时耙地混土，进行土壤封闭，然后切耙至待播状态。

氟乐灵：亩用量100~120毫升，对水25千克，阴天、傍晚或夜间作业。

禾耐斯：亩用量60~80毫升，对水25千克。

5. 品种选择与种子处理

（1）品种选择：选择生育期适宜，丰产潜力大，抗逆性强的棉花品种。

（2）种子质量：符合国标棉花常规种大田用种质量要求，且发芽率≥85%。

（3）人工选种：选择饱满、粒大、充分成熟的种子，去除瘪籽、异籽、烂籽及毛头多的种子，健籽率≥95%，破碎率≤1%。

（4）晒种及包衣（拌种）：对未包衣种子晒种3天，促进种子后熟，选用当地适合的种衣剂或拌种剂按技术要求进行包衣或拌种。

（二）播种

1. 管理目标

适期早播，一播全苗。

2. 技术与管理措施

（1）适期早播：根据气候、耕地墒情、机械准备和综合生产计划的实际情况，当地气温稳定在10℃以上，膜下5厘米地温连续3天稳定通过12℃即可播种，播种期一般为4月上中旬。

（2）铺膜及播种方式：采用一管二行膜下滴灌精量播种，亩播种量1.8~2.2千克。播深1.5~2.0厘米，覆土厚度<2厘米，保证种子入湿土1厘米以上。空穴率≤3%，错位率≤3%。播种密度每亩1.8万~1.9万株。

铺膜平展，压膜严实，播行端直，行距一致，下籽均匀，覆土严密，接行准确。滴灌带松紧适宜，不应有拉伸和扭曲。两头固定并扎好头，有断头则用直通接好。

（3）播后田间管理

①棉田播种结束后及时进行覆土、封孔和扫膜、护膜，以保证保墒采光效果。

②出苗前如遇雨天，雨后及时破除碱壳，以利于种子顶土出苗；注意防风减灾，播后人工压防风带。

（三）苗期管理

1. 管理目标

保全苗，留匀苗，促壮苗早发，争齐苗。

2. 长势长相与田间诊断指标

棉花敦实，宽大于高，茎粗节密，叶片平展，大小适中。主茎日生长量0.3~0.5厘米，红茎比为50%，株高15~20厘米，5~6叶现蕾。

3. 技术与管理措施

各项措施的实施要“早”，做到人机结合，做好查苗、查种、查墒，进行补种补墒。

（1）放苗封孔：棉苗出土50%，子叶转绿时，及时查苗、放苗、封孔，采取边放苗边封孔，错位苗要辅助出苗、封孔，保证全苗。

（2）定苗及补种：棉苗两片子叶展开时进行定苗，两片真叶时结束，严禁留双苗，做到一穴一苗，去弱留壮，去病留健。亩保苗株数为1.6万~1.8万株。断行处及时补种。

（3）中耕及除草：定苗后及时机械中耕松土，苗期中耕一二次，耕深14~18厘米，重黏土可分层中耕，逐渐加深；沙壤土一次到位，做到不起大土块，不拉膜，不伤苗，不埋苗，行间平整、松碎，并结合中耕去除杂草。

（4）苗期化控：化控依照少量多次、前轻后重、逐次增量的原则，根据棉苗长势及天气情况，头水前进行1~2次化控。2叶期进行第一次化调，亩用缩节胺0.2~0.3克；4~5叶进行第二次化调，亩用缩节胺0.5~0.6克。

（5）叶面肥喷施：若因天气、风沙等因素引起弱苗、僵苗，每亩可用赤霉素0.5克+尿素100克+磷酸二氢钾100克叶面喷施，促苗早发。

（6）补施微肥：叶面喷施微量元素是增蕾、防落、提高铃重、促进早熟的关键技术。缺锌植株长势差，蕾铃发育不良；缺硼易引起蕾而不花、花儿不铃、落蕾落铃。可根据生产实际，在棉花各生产时期补施微肥。

（四）蕾期管理

1. 管理目标

多现蕾、早开花，重视化促化控，促使棉株稳长，搭好高产架子。

2. 长势长相与田间诊断指标

株型紧凑，茎秆粗壮，节间分布匀称，叶片大小适中，蕾多、

大。主茎日生长量初蕾期在0.5~0.8厘米，盛期达到0.8~1.2厘米，红茎比为60%~70%，叶龄11~12，株高40~45厘米。

3. 技术与管理措施

蕾期是棉花营养生长与生殖生长并进时期，但主要以营养生长为主，田间管理在壮苗早发的基础上，采取合理的促控措施，调节棉株地上部与地下部、营养生长与生殖生长的关系，实现稳长，塑造理想的株型。

（1）中耕除草

①头水前进行一次中耕，耕深14厘米左右，除尽根际杂草。头水后适墒时及时中耕。

②对田埂的杂草进行铲除或喷药，减少虫害。

（2）化控化促：因苗而异，分类管理。

①对旺长型棉花，亩用1.5~2.0克缩节胺对水30千克。

②对壮苗以喷施全营养叶面肥为主，可以用缩节胺进行微调。

③对弱苗类要禁止使用含缩节胺成分的叶面肥，可喷施920或赤霉素。

④盛蕾期叶面喷施锌、硼等微肥。

（3）水肥管理：视棉苗及天气情况，可适当提前滴水滴肥，肥料以尿素为主。6月滴水2~3次，随水施肥，间隔10天左右。滴肥时先滴1小时清水，停水前滴1~2小时清水。

蕾期水肥管理

滴水次数（次）	时间	亩滴水量（立方米）	亩滴肥量（千克）
1	6月上旬	25~30	2~3（尿素）
2	6月中旬	25~30	2~3（尿素）
3	6月下旬	30~35	3~4（尿素）

（五）花铃期管理

1. 管理目标

以水肥运筹为中心，早结伏前桃，多结伏桃，防早衰，加强病虫害防治力度。

2. 长势长相与田间诊断指标

株型紧凑，茎秆下部粗壮，向上渐细，节间较短，果枝健壮，叶片大小适中，叶色正常，花蕾肥大，脱落少。6 月中旬封小行，7 月底封大行，“下封上不封”。盛花期主茎日生长量 1.0~1.5 厘米，红茎比为 70%~80%，株高 70~80 厘米。

3. 技术与管理措施

花铃期是棉花营养生长与生殖生长两旺时期，也是水肥需求量最多的时期。田间管理要注意协调两者之间的关系，促进棉花稳健生长，减少花蕾铃的脱落。

（1）水肥管理：灌好花铃水，重施花铃肥，开花后加大滴水量，滴水间隔 5~7 天，最长不超过 9 天，盛铃期以后滴水量逐渐减少，7 月滴水 3~4 次，8 月滴水 3 次，随水施肥。

花铃期水肥管理

滴水次数（次）	时间	亩滴水量（立方米）	亩滴肥量（千克）
4	7 月上旬	30~35	4~5（尿素）
5	7 月中旬	35~40	4~5（尿素）
6	7 月中下旬	35~40	5~6（尿素）
7	7 月下旬	35~40	5~6（尿素）
8	8 月上旬	30~35	5~6（尿素）
9	8 月中旬	25~30	3~4（尿素）
10	8 月下旬	20	2~3（根据实际情况）

（2）打顶：坚持“枝到不等时，时到不等枝”的原则。打顶时间：一般 7 月上旬开始，7 月中旬前结束。要求只打掉一心一叶，不漏打。及时封闭：打顶后 5~7 天，最后一果枝伸出后亩用 8~10 克缩节胺进行封闭，一次封闭不彻底的，要及时进行第二次封闭，直到棉花颜色转深绿为止。

（3）叶面肥喷施：盛花期、盛铃期叶面喷施磷酸二氢钾 2~3 次，每次亩施用量 2~4 千克，或随水滴施。微肥以硼肥为主，配

施其他微肥叶面喷施，或喷施全面营养型叶面肥。

（六）吐絮期管理

1. 管理目标

促早熟、防早衰和贪青晚熟、增铃重、提高棉纤维品级。

2. 长势长相与田间诊断指标

植株健壮、下絮上花，晚蕾少，叶片青绿，顶部果枝平展，通风透光良好。

3. 技术与管理措施

进入吐絮期后，可视棉田和天气情况，继续通过滴水滴肥，防止棉花后期早衰，亩灌量 15 立方米。

（1）田间管理：抓好棉花停水时间，既要防止贪青晚熟，又要确保青枝绿叶吐白絮。一般滴灌停水时间控制在 9 月 5 日前后。

（2）对于贪青晚熟的棉田，及时进行人工推株并垄，增加棉田通风透光性。

（3）如果采用机采，要适时做好机采棉脱叶剂的喷洒工作。根据气温变化及早霜情况，确定脱叶剂喷洒时间和用量。一般在 9 月底至 10 月初进行，亩用 30~40 克脱落宝加 70 克乙烯利，要求喷洒均匀、不漏喷，脱叶率达到 92%以上。

（4）及时采收：棉花吐絮后 7~10 天，及时组织劳力拾花，在 11 月 10 日前结束拾花。棉花采摘要严格分级，做到四白（白帽子、白兜子、白袋子、白绳子）、四分（霜前花和霜后花、好花与僵瓣花、好花与虫害花、好花与黄染花分拾、分晒、分运、分垛、分轧）、六不带（不带草叶、不带草籽、不带棉壳、不带头发、不带纤维丝、不带动物毛），严格把好籽棉进晒场前的检验定级工作，防止混收降低等级。

（5）回收滴灌设备：及时回收毛管，并将滴灌设备中的干管和支管拆卸、清洗、分类、入库，以备来年使用。

（6）清除残膜：收花后用人工或机械清除田间残膜，残膜回收率要求达到 85%以上，减少对土壤的污染。

五、病虫害防治

坚持“预防为主，综合防治”的植保方针，重点做好棉蚜和棉叶螨的防治工作。

采取“生物生态压两头，科学用药控中间”的措施，即通过农业、生物、化学及物理防治方法，协调运用，创造有利于作物生长发育及天敌栖息繁衍，而不利于害虫发生、发展的生态环境，压低前、后期害虫的发生基数。病虫害防治要在加强虫情测报、害虫抗药性监测的基础上，严格掌握防治适期和防治指标，合理混用、轮用化学农药，控制中期害虫危害。

1. 棉叶螨防治

在棉叶螨中心株和点片阶段，发动棉农查找中心螨株或点片地块，并做好标记，抓好中心螨株和点片防治。当棉叶螨大面积发生，选用对天敌安全的农药（如15%哒螨灵乳油、20%三氯杀螨醇、40%螨危等杀螨剂对水喷雾）进行防治。

2. 棉蚜防治

春季在室内花卉和温室大棚里施药二次进行防治棉蚜。抓好中心蚜株或点片地块防治。选用蚜虱净等选择性杀虫剂或洗尿合剂（按洗衣粉：尿素：水为1：4：100，叶片正反两面喷涂均匀）进行点片喷雾防治，控制蔓延。当棉田卷叶率达到一定程度时，使用吡虫啉类及啶虫脒类等对天敌较安全的药剂，进行全田普治。

3. 棉铃虫防治

实行秋耕冬灌、铲埂除蛹，压低越冬基数。种植诱集带并加强诱集带的管理，及时对诱集带上的虫卵进行药剂处理，集中消灭虫源。布置和管理好杀虫灯，尽可能扩大防治范围，提高杀虫效率。大田内达到防治指标时可先择1%甲氨基阿维菌素乳油833~1 000倍液、5%氟铃脲乳油715~1 000倍液等在棉田棉铃虫卵孵化盛期喷雾使用。

4. 棉蓟马防治

幼苗期：百株虫量达15~20头时进行药剂防治，一般棉苗出齐后应立即防治。

棉花苗期：可以用2.5%敌杀死乳油2 000~3 000倍液，10%吡虫啉可湿性粉剂2 000倍液喷雾防治。

附件5

机采棉模式棉花栽培技术规程

一、适应范围

本规程为国家棉花工程技术研究中心结合机采棉区实际情况，制定的适合机械采收的棉花栽培技术规程。在执行中，农户和技术人员应根据机械采收棉田棉花生长实际情况以及采收机械的不同，参照调整执行。

二、适应品种

选择株型紧凑、抗倒伏、抗病、成熟期集中、吐絮畅、对脱叶剂敏感、适合密植的品种。目前，适合机械采收的棉花品种有新陆早33号、新陆早48号、新陆早50号、冀棉958、81-3、新陆中36号等。

种子精选后净度达到99%以上，健籽率98%以上，破籽率小于2%，发芽率90%以上，含水量不超过12%。

三、主要技术指标

（一）产量构成因素

生物特性	因素指标	生物特性	因素指标
亩保苗株数（万）	1.6~1.7	单株铃数（个）	≥5.5
亩收获株数（万）	1.3~1.4	单铃重（克）	4.9~5.0
株高（厘米）	65~70	衣分（%）	39~40
平均单株果枝数（台）	6~7	单产籽棉（千克）	400以上

（二）生长发育指标

生育进程：播种期4月5—20日，出苗4月20—30日，现蕾期5月25—30日，开花期6月20日前后，吐絮期8月25日，生育期125~130天。实现“四月苗、五月蕾、六月花、八月絮”。

（三）灌水、施肥、化控指标

（1）灌水：全生育期滴水10~12次，亩总水量320~360立方米，坚持少量多次的高频灌溉。

（2）施肥：全生育期施标肥150~160千克/亩，其中N∶P∶K比例为1∶（0.4~0.5）∶（0.1~0.15）。冬前基施：将5%~10%的氮肥，100%的磷、钾肥进行全层施肥。追施：将剩余氮肥在6月中旬至9月初滴施，轻施苗肥，重施花铃肥，酌情补施盖顶肥。花铃期可增施磷酸二氢钾，每次1~2千克/亩。

（3）化调指标：根据“早、轻、勤”的调控原则，因品种、因质地、因长势、因气候进行化调。以化调措施塑理想株型，确保植株透气、光照良好，利于采收。

生育期化控4~5次，调控适宜的始果节高度和株高。第一果枝高度18~20厘米，株高控制在65~70厘米，为机械采摘打下良好基础。

四、各生育阶段技术措施

（一）播种准备

1. 土地准备

（1）土地选择：机采棉要选择土壤肥力中等偏上，盐碱轻、地势平坦、条田正规、集中连片、道路畅通的地块，以便于机械采收，提高工作效率。

（2）冬（茬）灌：灌水均匀一致、不漏灌、不积水，亩灌水量80~100立方米。滴水茬灌地亩灌水量50~60立方米。

（3）全层施肥：根据对土壤的化验结果，以及历年的产量情况，进行测土决策平衡施肥。将5%~10%的氮肥，100%的磷、钾肥进行全层施肥。

（4）秋耕：犁地深度28厘米以上，翻垡平整、覆盖良好，不拉沟、不漏耕。

（5）平地保墒：适时平地，以墒情为中心，实行分流式平地框复式作业，确保田间土层确实不板结，墒匀墒足。

（6）清洁田地：采用机力耧膜两遍以上和人工捡拾相结合的方法，清理田间残秆残膜污染。

（7）化学除草：每亩用二甲戊乐灵（商品名菜草通或施田补）160~180 毫升，对水 45~50 千克，喷药后及时整地，均匀混土。

（8）播前整地：适时整地，以保墒为中心，掌握好宜耕期，切忌整地过干或过湿，采用联合整地机复式作业，整地深度 4.5~5 厘米，达到“墒、碎、净、松、平、齐、匀”七字标准。

2. 种子准备

（1）选种、晒种：人工粒选棉种，保证健籽率 98%以上。将精选合格的种子于播种前晒种 2~3 天，促进种子后熟，提高发芽率。

（2）统一机械包衣：100%棉种进行药剂处理与种子包衣，将种衣剂与棉种按 1∶（50~60）的比例进行机械包衣，拌匀后晾干待播。

3. 播种

（1）适时播种：以膜内 5 厘米地温连续 3 天稳定在 12℃以上，即可开始播种。一般 4 月 5—25 日。

（2）播种方式：实行精量或半精量播种，精量播种单种穴率达到 90%以上，空穴率不超过 3%，亩用种量 1.9~2.2 千克；半精量播种每穴下种 2~3 粒，少于 2 粒或多于 3 粒种子穴率不超过 15%，保证下种均匀，亩用种量 4.5~5.5 千克。机采棉播种时必须做到播行端直、接行准确，误差不超过 2 厘米，否则影响采摘效率和田间采净率。采用膜宽 1.25 米，一膜 4 行，行距配置为（10+66+10）厘米+66 厘米，株距 9~10 厘米，采一膜一管，滴灌带铺设在膜间宽行中央；膜宽 2 米，一膜 6 行，行距配置为（10+66+10+66+10）厘米+66 厘米，株距 9~10 厘米，一膜二管，二条滴灌带分别铺设在膜上两个宽行中央；窄膜 3 膜 12 行（66 厘米+10 厘米）行距配置，株距 9~10 厘米，膜上精量点播，滴灌带铺设方式，一膜一管或一膜二管。以上模式亩理论株数 17 000~19 000 株。

（3）播种质量：播行笔直，接行准确，下籽均匀，深浅一致，到头到边，膜面平展，膜边垂直压紧，覆土严密，采光面大。播深2~2.5厘米，覆土厚度1~1.5厘米，封孔严密、镇压确实。播种后3天内及时安装支管、附管、连接毛管，以便适时滴水，滴水量一般10~15立方米/亩。

（二）苗期管理

主攻目标：达到早苗、全苗、齐苗、匀苗、壮苗，促壮苗早发，弱苗升级，生长稳健。具体措施：

（1）播后管理：播种后及时查膜封孔，扫净膜面余土，增大采光面，压好膜边防风、防跑墒。做好地头、地边补种、补膜、补带、埋管等工作。遇雨后及时破除板结。

（2）中耕松土：苗期中耕一次，增强土壤通气性能，增温提墒。耕深14~16厘米，耕宽40厘米以上，护苗带8~10厘米，做到不拉沟、不埋苗，行间土壤平整、松碎。

（3）破壳助苗出土：出苗前如遇雨，应及时机力或人工破除板结，并人工辅助错位棉苗出土。

（4）定苗：苗出齐后开始定苗，5月10日结束定苗。定苗要求匀留苗、留健苗、留壮苗，确保一穴一株。

（5）化控：2~3叶期进行第一次化控，亩用缩节胺（含量98%，下同）0.3~0.5克，因品种、长势而定。弱苗2~3叶期，亩用磷酸二氢钾100克，加尿素100克，对水30千克，或用其他叶面肥进行叶面施肥，促进弱苗升级。

（6）防治病虫：加强田间调查，严把防治指标，预防棉蓟马、棉叶螨、双斑萤叶甲、棉蚜的发生为害。

（三）蕾期管理

目标：蕾早、蕾多、蕾大，壮而不旺，搭好丰产架子。具体措施：

（1）清除余苗：每亩余苗不超过1%。

（2）中耕除草：第二次中耕，耕深16~18厘米，护苗带8厘米，并做好人工清除护苗带间和株间杂草。

（3）滴水施肥：头水的早晚对棉花生长发育和产量影响很大，

过早易引起徒长，过晚受旱影响正常发育，不易搭好丰产架子，因此，要根据天气和棉花长势长相情况确定时间。一般在6月15日左右滴头水，亩滴量25~30立方米。滴水后及时进行中耕、除草。根据苗情、气候，间隔7~9天滴二水，亩滴量25~30立方米，此时亩追施尿素2~3千克。

（4）化学调控：5~6片叶进行第二次化控，一类苗亩用缩节胺1.5~2克，做到一水一控；二类苗亩用缩节胺1~1.2克，对水30千克叶面喷洒，主要控制中下部主茎节间和下部果枝伸长；三类苗可不控。弱苗可亩随水滴施尿素3千克，加硫酸锌150克，或每亩施滴灌专用肥3千克，亩喷施硫酸锌50克，对水30千克。

（5）防治虫害：加强田间调查，做好棉叶螨、棉蚜等中心株防治，严把防治指标及时防治。

（四）花铃期管理

目标：减少花铃脱落，增花保铃，增加铃重，促早熟，防早衰，防贪青晚熟。具体措施如下。

（1）重施花铃肥：花铃期是棉花需水需肥的关键期，供给要及时，达到减少脱落、增加铃重、促进棉花根系发育的目的。肥料随水滴施，坚持一水一肥，提高滴灌施肥频率，间隔5~7天为宜，施肥量控制在亩施尿素4~5千克，根据长势，可酌情补施磷钾肥，亩滴施磷酸钾氨1~2千克。

（2）科学灌水：花铃期棉花生长势强、蒸腾旺、耗水大，滴水要勤，要保证根层土壤持续湿润，少量多次，高频灌溉，以提高水分利用率。滴水间隔控制在5~7天，滴水量为25~30立方米为宜。切忌大水大肥，以防徒长和贪青晚熟。一般在9月5日前后停水。如棉田出现旱情可增加一水，亩滴量20立方米为宜，杜绝“跑、冒、漏”现象，确保滴灌质量。7月滴水4~5次，每次用水25~30立方米/亩。8月滴水3次，每次用水30立方米/亩。9月滴水1次，滴水20立方米/亩。

（3）系列化调：10~11片叶进行第三次化控，一类苗亩用缩节胺3~3.5克；二类苗亩用缩节胺2.5~3克；三类苗根据苗情酌情掌握。打顶早的棉田，打顶后5~7天进行第四次化控，亩用缩节胺4~6克化控，7月底补控一次，亩用缩节胺8~12克。

（4）根外追肥：通过叶面追肥，补施盖顶肥，增施磷、钾肥以及微量（硼）元素，降低花铃的脱落率，增加单铃重。

（5）适时早打顶：早熟品种7月5日前打顶结束，中晚熟品种7月1日前打顶结束，漏打率小于1%。单株果枝6~7台，打顶后株高控制在65~70厘米。

（6）防治虫害：加强田间调查，坚持防治指标，采用隐蔽施药、点片防治等措施保护天敌，做好棉叶螨、棉蚜和棉铃虫的综合防治。

（五）吐絮期管理

目标：抓好“两防”，即防早衰、防贪青晚熟，增铃重，促早熟，提高品质。具体措施如下。

（1）清除田间杂草，保持田间清洁。

（2）根据天气状况和土壤墒情适当推迟停水时间，适当滴施氮肥，增加微肥，防止棉花早衰；对有可能贪青晚熟的棉田，可采取酌情减少水肥用量，及早停水，清除空果枝、叶枝等措施。

（3）催熟与脱叶：为确保最佳的催熟与脱叶效果，要选择最佳喷药时间：以冷尾暖头施药为好，即药后7~10天平均气温大于18℃时施药，田间自然吐絮率达30%~40%，上部棉桃铃期40天以上，施药时间一般在9月上旬。

药剂每亩用量为：脱吐隆10~13毫升+伴宝30毫升+乙烯利80~100毫升，配药时先将商品药配制成母液，做到先加水一半再加药，边加药边加水，随配随用，禁止使用过夜药，亩施药液量不低于50千克，上下喷匀喷透。药量可根据品种对催熟剂敏感性酌情增减。

（4）机械采收前的准备工作

①机采前，收好支管，埋好滴灌毛管断头。

②人工采摘地头、地角的棉花。

③查看通往被采收条田的道路、桥梁宽不小于4米，机器通过

高度不小于4.5米。查看通往条田及条田内有无障碍物影响通行。

④查看地块墒度是否影响机车行走。

（5）适时采收

①脱叶剂喷施20天以后，脱叶率达到90%以上，吐絮率达到95%以上，即可进行机械采收。

②平均损失率小于4%，其中，挂枝损失0.8%；遗留棉1.5%；撞落棉1.7%。杜绝残膜、异性纤维等混入。

③注意田间防火，每台采棉机在采摘期间必须配备1~2辆装满水的水罐车。任何人不许在作业区内吸烟，夜间不许用明火照明。

（6）机采后的籽棉管理

①堆放场地必须清理干净，严禁残膜、残秆及其他杂物混入棉垛。

②为确保防火安全，避免火种带入加工厂，机采棉采摘后必须在田间堆放、观察三天后方可按计划交售。

③田间堆放要有专人看护，做好雨前及时遮盖，预防被盗等意外事件。

附件6

专用棉亩产皮棉150千克栽培技术规程

为规范专用棉生产栽培技术，最终实现“专用品种——专用棉”标准化生产，在安全、优质、高效的基础上，保证产品质量，特制定以下栽培技术规程。

1. 主要指标

1.1　品种特性

1.1.1　类型

早中熟陆地棉。

1.1.2　生育期

全生育期125~135天，霜前花率90%以上。

1.1.3　纤维品质

衣分率≥40%，纤维长度≥30.00 毫米，比强度≥30.00 厘牛/特克斯，马克隆值 3.6~4.4。

1.2　品种选择及种子质量

1.2.1　品种选择

除了品质要求的外，在品种选择上要求抗逆、抗病、抗虫性，充分满足机采棉技术要求。

1.2.2　种子质量

种子质量要求：种子选择饱满、粒大、充分成熟的种子，去除瘪籽、异籽、烂籽及毛头多的种子，棉种纯度达到 97%以上，经过硫酸脱绒精选后的棉种净度不低于 99%，加工后的棉种发芽率 85%以上，健籽率 90%以上，含水率 12%以下，破碎率 5%以下。

1.3　株行配置

采用宽膜机采棉配置："66+10" 膜上精量点播，平均行距 38 厘米；

亩收获株数 1.2 万~1.4 万株；

单株果枝台数 7~9 台；

亩果枝台数 8 万~9 万台；

亩铃数 7 万~8 万个；

单铃重 5 克；

亩产 350~400 千克。

1.4　长势长相

株高：70~90 厘米。

2. 主要栽培技术

2.1　播前准备

2.1.1　土壤条件

土壤质地以壤土为好。土壤有机质平均在 1%以上，土壤碱解氮含量平均 60 毫克/千克，土壤速效磷 20 毫克/千克，土壤速效钾平均 150 毫克/千克，土壤总盐量在 0.3%以下。

2.1.2　土地准备

秋收后清理残膜，及时秋耕冬灌或茬灌秋耕，茬灌亩灌水量60立方米左右，冬灌亩灌水量80~100立方米，做到灌水均匀、不重不漏。

2.1.3　基肥施用

翻地前亩深施尿素10千克、三料磷12千克，或亩施重过磷酸钙18~25千克，尿素12~18千克，钾肥5~8千克作底肥。

2.1.4　整地

早春解冻后清洁田间秸秆、杂草，整修地头地边，犁地采用深耕，深度可增加至40厘米，耙地深度8~10厘米，增强土壤透气性和疏松度，改善土壤物理性状，达到耙后土地平整、细碎、无杂草、无残膜的整地标准。

2.1.5　化学除草

结合整地同时进行化学除草。喷后及时耙地混土，进行土壤封闭，然后切耙至待播状态。

氟乐灵：亩用量100~120毫升，对水25千克，阴天、傍晚或夜间作业。

禾耐斯：亩用量60~80毫升，对水25千克。

2.2　播种

2.2.1　适时播种

当膜下5厘米地温稳定通过12℃时即可播种，正常年份在4月初进行试播，4月10日大量播种，4月20日前结束播种。

2.2.2　播量及播深

采用精量播种技术。播深1.5~1.8厘米，种行膜面覆土厚度1~1.5厘米。

2.2.3　播种质量要求

播行端直，膜面平展，压膜严实，覆土适宜，错位率不超过3%，空穴率不超过2%。滴灌带松紧适宜，不应有拉伸和扭曲。

2.3　苗期管理

2.3.1　要求

保全苗，留匀苗，促壮苗早发，争齐苗。棉花敦实，宽大于高，茎粗节密，叶片平展，大小适中。

2.3.2　滴水出苗

播后根据区域需求及时滴水，可滴施水溶性高分子——马来酸酐和磷酸二氢钾，提高出苗率。

2.3.3　放苗、定苗

棉苗出土50%，子叶转绿时，及时查苗、放苗、封孔，采取边放苗边封孔，错位苗要辅助出苗、封孔，保证全苗，严禁留双苗，做到一穴一苗，去弱留壮，去病留健。

2.3.4　中耕及除草

定苗后及时机械中耕松土，苗期中耕一二次，耕深14~18厘米，重黏土可分层中耕，逐渐加深；沙壤土一次到位，做到不起大土块、不拉膜、不伤苗、不埋苗，行间平整、松碎，并结合中耕去除杂草。

2.3.5　苗期化控

化控依照少量多次、前轻后重、逐次增量的原则，根据棉苗长势及天气情况，头水前进行1~2次化控。2叶期进行第一次化调，亩用缩节胺0.2~0.3克；4~5叶进行第二次化调，亩用缩节胺0.6~0.8克。

2.3.6　叶面肥喷施

若因天气、风沙等因素引起弱苗、僵苗，每亩可用赤霉素0.5克+尿素100克+磷酸二氢钾100克叶面喷施，促苗早发。

2.3.7　补施微肥

适当补施微肥，提高棉花品质，可叶面喷施锌肥和锰肥，例如，禾丰锌10毫升，禾丰锰10克。

2.4　蕾期管理

2.4.1　要求

多现蕾、早开花，重视化促化控，促使棉株稳长，搭好高产架子。株型紧凑，茎秆粗壮，节间分布匀称，叶片大小适中，蕾多、

大，叶龄 11~12，株高达到 40~48 厘米。

2.4.2　中耕除草

滴水前进行一次中耕，耕深 14 厘米左右，除尽根际杂草。头水后适墒时及时中耕。对田埂的杂草进行铲除或喷药，减少虫害。

2.4.3　化控化促

因苗而异，分类管理。

对旺长型棉花，亩用 1.5~2.0 克缩节胺对水 30 千克。

对壮苗以喷施全营养叶面肥为主，可以用缩节胺进行微调。

对弱苗类要禁止使用含缩节胺成分的叶面肥，可喷施 920 或赤霉素。

2.4.4　水肥管理

视棉苗及天气情况，可适当提前滴水滴肥，肥料以尿素为主。6 月滴水 2~3 次，随水施肥，间隔 10 天左右。滴肥时先滴 1 小时清水，停水前滴 1~2 小时清水。

蕾期水肥管理

滴水次数（次）	时间	亩滴水量（立方米）	亩滴肥量（千克）		
			纯氮	磷肥	钾肥
1	6 月上旬	25~30	1.0~1.6	1.0~1.2	0.7~0.9
2	6 月中旬	25~30	1.0~1.6	1.0~1.2	0.7~0.9
3	6 月下旬	30~35	1.5~2.0	1.0~1.2	0.7~0.9

2.4.5　补施微肥

结合化调进行叶面喷硼肥，例如施禾丰硼 40 克。

2.5　花铃期管理

2.5.1　要求

以水肥运筹为中心，早结伏前桃，多结伏桃，防早衰，加强病虫害防治力度。株型紧凑，茎秆下部粗壮，向上渐细，节间较短，果枝健壮，叶片大小适中，叶色正常，花蕾肥大，脱落少。株高 75~85 厘米。

2.5.2 水肥管理

灌好花铃水，重施花铃肥，开花后加大滴水量，滴水间隔5~7天，最长不超过9天，盛铃期以后滴水量逐渐减少，7月滴水3~4次，8月滴水3次，随水施肥。

花铃期水肥管理

滴水次数（次）	时间	亩滴水量（立方米）	亩滴肥量（千克）		
			纯氮	磷肥	钾肥
4	7月上旬	30~35	2.0~2.4	1.2~1.4	0.7~0.9
5	7月中旬	35~40	2.0~2.4	1.2~1.4	0.7~0.9
6	7月中下旬	35~40	2.5~2.8	1.2~1.4	0.7~0.9
7	7月下旬	35~40	2.5~2.8	1.2~1.4	0.8~1.0
8	8月中上旬	30~35	2.5~2.8	1.2~1.6	0.8~1.0
9	8月中下旬	25~30	1.5~2.0	1.2~1.6	0.8~1.0
10	9月初①	15~20	1.0~1.4	1.0~1.2	0.6~0.9

①（根据实际情况）

2.5.3 打顶

坚持“枝到不等时，时到不等枝”的原则。打顶时间：一般7月上旬开始，7月10日前结束。要求只打掉一心一叶，不漏打。及时封闭：打顶后5~7天，最后一果枝伸出后用8~10克缩节胺进行封闭，一次封闭不彻底的，要及时进行第二次封闭，直到棉花颜色转深绿为止。

2.5.4 叶面肥喷施

盛花、盛铃期叶面喷施磷酸二氢钾2~3次，每次亩施用量2~4千克，或随水滴施。微肥以硼肥为主，配施其他微肥叶面喷施，或喷施全面营养型叶面肥。

2.5.5 补施微肥

进行叶面喷施硼肥和锌肥，例如施禾丰硼50克、禾丰锌10毫升。

2.6　吐絮期管理

2.6.1　要求

促早熟、防早衰和贪青晚熟、增铃重、提高棉纤维品级。植株健壮、下絮上花，晚蕾少，叶片青绿，顶部果枝平展，通风透光良好。

2.6.2　管理措施

（1）进入吐絮期后，抓好棉花停水时间，既要防止贪青晚熟，又要确保青枝绿叶吐白絮。一般滴灌停水时间控制在9月5日前后。

（2）如果采用机采，一般在9月初至9月中下旬进行，可选54%脱吐隆或80%噻苯隆可湿性粉剂（瑞脱龙），配合喷洒乙烯利，可乙烯利1 100毫升/公顷+噻苯隆600毫升/公顷，根据实际调整。喷施药前后3~5天的日最低气温≥12.5℃，日平均气温连续7~10天在20℃以上，尽量避开7天内有降温天气过程，田间棉铃自然吐絮率达到30%~40%以上时喷施效果最佳。

（3）采收前对棉田地边地头进行平整和清理，整理出采棉机采收通道。喷施脱叶剂20天左右，棉花脱叶率≥90%，棉铃吐絮率≥95%时即可进行机械采收。为了控制机采棉棉花含水量，要求采棉时间在无露水时采收，要求采净率达95%以上，总损失率≤6%，含杂率≤10%，含水率≤8%。

3. 病虫害防治

3.1　指导思想

坚持“预防为主，综合防治”的植保方针，重点做好棉蚜和棉叶螨的防治工作。进一步加强秋耕冬灌基础工作，切实做好病虫调查监测，抓早治，合理利用天敌，综合防治，严格指标，选择用药，不随意普治。

3.2　病虫害防治

3.2.1　棉铃虫防治

要早防治，在第一代时就要严控，实行秋耕冬灌、铲埂除蛹，压低越冬基数。主要措施有：频振灯诱蛾、早春铲埂除蛹、杨枝把、种植诱集带诱杀、控制棉花徒长，喷施磷酸二氢钾，降低棉铃虫落卵量、将打顶后的顶尖带出田外处理、达到防治指标时应用选择性药物防治。

3.2.2 棉叶螨防治

一是早春渠道、林带、地头地边早防治。二是棉田早调查，做好中心株、中心片防治工作。三是达到防治指标，保护好天敌，选择用药。

3.2.3 棉蚜防治

春季在室内花卉和温室大棚里施药二次进行防治棉蚜。抓好中心蚜株或点片地块防治。进行点片喷雾防治，控制蔓延。当棉田卷叶率达到一定程度时，使用吡虫啉类及啶虫脒类等对天敌较安全的药剂，进行全田普治。

3.2.4 棉蓟马防治

幼苗期：百株虫量达 15～20 头时进行药剂防治，一般棉苗出齐后应立即防治。

棉花苗期：可以用 2.5%敌杀死乳油 2 000～3 000 倍液，10%吡虫啉可湿性粉剂 2 000 倍液喷雾防治。

附件 7

新疆东部棉区棉花化肥农药减施技术规程

针对新疆东部棉花种植模式特点，结合该区域化肥、农药施用现状和病虫害发生规律，创新化肥、农药施用理念，综合使用减施增效新技术新产品，优化化肥减施和病虫害综合防治技术，集成区域性的棉花化肥农药减施增效技术模式，提升棉花化肥减施和病虫害绿色防控与专业化防治技术水平，为“棉花化肥农药减施技术集成研究与示范”任务的贯彻落实，提供科技支撑和示范典型，特制订本方案。

一、减施目标

在新疆东部不同种植模式、滴灌方式下，通过化肥农药减施增

效技术模式的集成与示范推广，使棉田肥料利用率和化学农药利用率提高，化肥农药减量，实现新疆东部化学肥料和农药的减施增效，保障该区域棉花生产及环境安全。

二、减施策略

根据新疆东部棉花生产减肥减药需求，针对当地土壤肥力水平和棉花养分需求规律以及不同生育期病虫危害发生特点，突出有机替代、精准施肥、群体塑造、合理减施、预防为主、综合防治的追肥与植保理念，抓好抗（耐）病品种合理布局，加强调匀促壮、物理防治、化学辅助的策略，推动化肥减量增效技术，提升棉花农药科学使用与病虫害绿色防控技术水平。

该规程在原有棉花生产规程基础上注重大田管理与调控，明确提出了减施措施和减施量，以及在播种、苗期、蕾期、花铃期、吐絮期生产中采取的优化措施。

三、技术规程

1　播种前

1.1　化肥减施技术

1.1.1　土壤改良、有机替代

进行秸秆还田，犁地采用深耕，深度增加至 40 厘米，耙地深度 8~10 厘米，增强土壤透气性和疏松度，改善土壤物理性状。整地时亩增施黄腐酸（150~200 千克）或者风化煤 1.5 吨进行土壤酸碱度调节，增施有机肥，减少化肥，壤土棉田亩施有机肥 1.5~2 吨或者油渣 150 千克，减少纯氮 2~3.5 千克，亩施磷酸二铵 20 千克、硫酸钾 6 千克，或者用尿素 5 千克、磷酸二铵 10 千克、硫酸钾 6 千克；选择施用少量锌（硫酸锌 0.5 千克）等微肥或者腐殖酸类，黏土可适当减少肥量 10%~20%，沙土可适当增加肥料 10%~20%。

1.1.2　测土配方

根据区域测土的肥力情况，进行配方施肥，进一步优化施肥配方。

1.2 农药减施技术

加强保护无病区，清理田园，轮做倒茬，控制病害发生，减少用药。

1.2.1 加强植物检疫、保护无病区

严格执行植物检疫制度，在普查的基础上，划定重病区、轻病区、零星病区、无病区。严禁病区种子、带菌棉籽饼和棉籽壳等调入无病区。

1.2.2 秋耕冬灌，清洁田园

作物收获后，及时清除棉田及四周的残枝、落叶、烂铃和杂草，封冻前深翻冬灌以降低土壤中病原菌的越冬基数、减少越冬虫源。结合春季整地，破除老埂，铲除田间和地埂上的杂草，减少棉铃虫、地老虎、叶螨等害虫的越冬虫源，也可对棉田及四周地埂喷施三氯杀螨醇、螺螨酯等杀螨剂，防治越冬叶螨。

1.2.3 轮作倒茬，合理布局

实行轮作倒茬，避免长期连作。棉花枯、黄萎病发生严重的地块，实行与小麦、玉米等作物轮作。棉田尽可能远离棚室，以防止烟粉虱向棉田扩散为害。

2 播种期

2.1 化肥减施技术

目标施肥：利用各县建立的作物推荐施肥系统，不同地块、不同产量目标采用不同的配方。基于土壤养分测试结果和目标产量，获得期望产量水平下特定地块的氮磷钾肥料的推荐量作为施肥总量。全生育期进行平衡施肥，即选用配方肥，尤其要选用各地推荐的棉花专用肥，合理分配基追肥比例。遵循原则为将全部磷肥和钾肥作基肥；氮肥小部分基施，其余按常规操作进行，可选择芸苔素内酯包衣促出苗率。

2.2 农药减施技术

注重抗病品种选择与种子处理，搭配种植诱集带。

2.2.1 种植抗（耐）病品种，做好种子处理

选用高产、优质、抗（耐）枯黄萎病的棉花品种和无病区种

子，选用包衣棉种或做好种子药剂处理。对脱绒棉种，用11%精甲·咯·嘧菌悬浮种衣剂、25克/升咯菌腈悬浮种衣剂、20%甲基立枯磷乳油、50%多菌灵胶悬剂、20%吡-戊-福美双悬浮种衣剂或47%丁硫克百威种子处理乳剂等进行种子包衣，防治苗期病害和地下害虫，预防枯萎病、黄萎病。

2.2.2 种植诱集带

棉田四周套种玉米，诱集棉铃虫于花铃期进行集中防治；棉田膜间种植油菜诱杀地老虎、招引天敌，油菜播期较棉花推迟10天。

3 苗期

3.1 化肥减施技术

调控根际环境，促壮苗，利用水溶性肥，提肥效、减少用肥。滴出苗水时每亩滴施98%磷酸二氢钾0.5千克或水溶性磷酸二胺1千克，肥力较高的棉田可不添肥，同时可选择添加含水溶性高分子—马来酸酐类改良剂，亩用量为0.5~1千克，随水滴施2次。能减施98%磷酸二氢钾0.5千克或水溶性磷酸二胺1千克，同时适时定苗、间苗，提高出苗整齐度，促进棉株健康生长。

3.2 农药减施技术

抓壮苗，护天敌，加强物理防治，精准用药，减少用药。

3.2.1 适时定苗、间苗

适时定苗、间苗，提高抗（耐）害能力。

结合间苗、定苗等田间管理，拔除弱苗、病苗，清除田间杂草。苗期中耕松土，可提高地温，减轻苗期病害。

3.2.2 保护天敌，发挥天敌的自然控制作用

尽量减少药剂防治，在田间发现中心病（虫）株时需要防治时，应采用点片施药、隔行施药等挑治的方式，避免大面积、连片用药，以保护天敌。

3.2.3 物理诱杀

5月上旬于棉田连片大面积设置杀虫灯或糖醋液诱捕器诱杀棉铃虫、地老虎等害虫成虫，减少棉田落卵量；或设置棉铃虫信息素诱捕器诱杀成虫。诱捕器设置密度为3~5个/亩，每月更换1次诱

芯；杀虫灯有效控制面积为 2～3.3 公顷/盏。靠近设施蔬菜的棉田，悬挂黄板诱杀烟粉虱。

3.2.4　精准施药，科学用药

5 月上中旬棉叶螨迁入棉田前，及时铲除棉田四周的杂草，对棉田边缘及四周杂草喷施杀螨剂，减少叶螨向棉田迁入。田间发现棉叶螨中心株时，用杀螨剂进行挑治；当有虫株率超过 5%时，选用苦参碱、浏阳霉素等生物源杀螨剂或乙螨唑、螺螨酯等高效低毒杀螨剂进行全田防治。当田间无头棉、多头棉株率达 3%或蓟马百株虫口 15 头时，选用 5%啶虫脒可湿性粉剂 2 500 倍液、10%吡虫啉可湿性粉剂 2 000 倍液等进行喷雾防治，每隔 7 天喷施 1 次，连喷 2~3 次。苗期喷施氨基寡糖素或芸苔素内酯等植物免疫诱抗剂，促苗壮长，提高棉花抗逆能力。连喷 5%氨基寡糖素水剂 800 倍液 2 次，间隔 1 个月。

4　蕾期

4.1　化肥减施技术

水肥一体化、诊断施肥、精准施肥加化学调控，提高肥料利用率，促壮株，减少施肥量。通过少量多次膜下滴灌技术，时间尺度上实现灌水量与棉花需水量最大程度吻合，随水施肥，防治过量施氮，减少氮淋溶，同时发挥水肥耦合的作用，促进养分的吸收，提高肥料利用效率；施用水溶肥，能创造养分向棉花根部运移的更便利条件，加速棉花对养分吸收。同时基于 SPAD 值进行生育期推荐施氮技术，诊断功能叶氮素营养，为棉花肥力盈亏提供参考。施肥时，采用先滴清水 1 小时，再加肥，最后清水的方法，提高肥料利用率，通过合理化控，抓墒情，合理灌水，保证群体整齐度和壮株，以减少肥料投入，第一次随水亩滴施尿素 2 千克左右，98%含量磷酸二氢钾 1 千克或水溶性磷酸二胺 2 千克，期间可随滴水添加复硝酚钠，亩用量 6～8 克。后 2 次，每次尿素量递增 0.5 千克。比常规施用尿素 3~4 千克减少了 1~2 千克。

4.2　农药减施技术

强化田间管理，加强物理诱杀与生物防治，科学用药、适期

防治。

4.2.1 加强田间管理

及时中耕除草，合理调控水肥，适时打顶、整枝，去除老叶、枯叶及空枝，防止棉花徒长，改善棉田通风透光条件。结合整枝、打杈等，涂抹棉铃虫卵、捕捉幼虫，拔除病株，将疯杈、顶尖、边心、无效花蕾及时带出田外集中销毁。

4.2.2 物理诱杀

继续通过灯光、性诱剂、黄板或诱集带诱杀害虫。

4.2.3 生物防治

当棉田烟粉虱虫量达到每株5~10头时释放丽蚜小蜂，每株放蜂3~5头，蜂虫比为3∶1为宜，每10天放1次，连续放蜂3~4次。

4.2.4 科学用药、适期防治

6月中下旬为棉叶螨在棉田为害的第1个高峰期，也是防治的最关键时期。此时应结合虫情监测，发现棉叶螨的发生有扩展态势时，应选用苦参碱、浏阳霉素等生物源杀螨剂或乙螨唑、螺螨酯等高效低毒杀螨剂对全田进行普防。在6月底前，烟粉虱主要在靠近棚室的棉田发生，后逐渐扩散，此时正是棉田烟粉虱防治的关键时期。可选用吡虫啉、啶虫脒、烯啶虫胺、噻虫嗪等，并加入250克/公顷杰效利等增效剂，每隔7天施药1次。头水时或枯萎病、黄萎病发病初期可选用枯草芽孢杆菌100倍液、2.0亿/克枯草·哈茨木霉500倍液、3%广枯灵（甲霜·噁霉灵）水剂500倍液等喷雾或灌根防治。

5 花铃期

5.1 化肥减施技术

水肥一体化、诊断施肥、精准施肥加化学调控，提高肥料利用率，促壮株，减少施肥量。除加强随水施肥，田间肥力适时诊断外，仍采用先滴清水1小时，再加肥，最后清水的方法，提高肥料利用率；随水添加滴施复硝酚钠1~2次，每次6~8克，进一步可再亩添加硼肥1千克；在盛花期和盛铃期喷施0.01%芸苔素内酯可溶液剂 2 000 倍液，每次的亩用量为 5~7 毫升，可促进结铃和增强壮株，减少施肥。每次随水滴亩施尿素 4~6 千克，98%含量磷酸二氢钾 2 千克或水溶性磷酸二胺 4 千克，中间多，两边适当减少，尤其是最后 2 次，花铃期可比原施肥量每次减少尿素量 1~1.5 千克。该期还可以选用液体肥，通过测土数据，精准施肥，如采用慧儿等液体配方肥，每次可减少施肥 1~2 千克，提高利用率 10%。

5.2　农药减施技术

注重虫害预报，早发现早防治，加强生物防治、采用生物药剂和精准施药。

5.2.1　物理诱杀

继续通过灯光、性诱剂、黄板或诱集带诱杀害虫。

5.2.2　生物防治

7 月初棉田释放胡瓜钝绥螨防治棉叶螨，田间释放量以 30~45 头/平方米为宜。

5.2.3　精准施药、集中防治

7 月上中旬为棉铃虫的卵高峰期，也是棉铃虫防治的关键时期，可选用棉铃虫 NPV、茚虫威、苦参碱、多杀霉素等生物制剂或甲胺基阿维菌素苯甲酸盐、菊酯类等药剂进行集中连片防治（包括玉米诱集带），8 月上旬对玉米诱集带进行砍除。继续做好棉叶螨、烟粉虱、黄萎病的防治工作，药剂防治方法同前。

6　吐絮期

6.1　化肥减施技术

同常规操作，根据情况，吐絮初期可追施总氮量 7%氮肥，田间状况好可不施肥。

6.2　农药减施技术

棉花收获前要对棉田杂草进行一次清除。

7　采收后

7.1　化肥减施技术

改进冬灌技术。为保证土壤脱盐和春季作物生长早期有足够的墒情，使来年棉花正常生长，农民常采用冬春灌，冬灌具有淋洗盐

分、改良土壤、降低病虫草繁殖技术和增加土壤墒情等效果，但目前存在灌溉时间长、水量大，在强烈洗盐的同时把可溶性养分——氮磷钾等淋洗出根层，降低了土壤肥力，故提出改进冬灌灌技术。东疆棉花在冬灌时，应通过打埂子将棉田改成4~6亩的大畦灌水，冬灌灌水定额控制在1 800立方米/公顷左右。

7.2　农药减施技术

冬季注意越冬害虫防治。

四、主推技术

1　选用棉花优良品种

因地制宜选用优质、高产、抗枯萎病、耐黄萎病宜机采的品种，在黄萎病发生严重区域，务必使用抗病品种。

2　化肥减施技术

2.1　有机肥替代技术

有机肥替代技术是以相同养分量的有机肥替代化肥，改变了肥料形式，也改变了养分形态，同时还增加了有机物施入量，能有效减少化肥投入，遏止氮磷淋溶损失。东疆播种期增施腐熟有机肥，增施3 000~4 500千克/公顷，可以替代20%~30%的常规化肥用量，但有机肥替代量不宜超过40%。

2.2　测土配方平衡施肥技术

测土配方平衡施肥技术是根据土壤肥力和产量确定施肥总量，减少化肥投入量，特别是基施施用量。

2.3　水肥一体化技术

水肥一体化技术，首先应建设滴灌系统，其次，制定棉花各生育期水肥耦合调控的滴灌施肥技术。就对棉花高产的贡献而言，水肥耦合精细调控的关键时期是花铃期，灌溉时间从蕾期开始，延续推迟到吐絮期；肥料调控以氮肥为主，80%以上氮肥随水滴施，在一次滴灌中采取先滴水后滴肥。该技术应用可以显著提高水肥利用效率，从而减少氮肥投入量。

2.4　基于SPAD值进行生育期推荐施氮技术

基于SPAD值的推荐施氮方法速度快、相关性高、技术成熟性好。该技术可以根据棉花植株长势适时精准给出推荐施氮量，有利于促进棉花正常生长，提高氮素利用率的同时，防治过量施氮造成的氮素淋溶损失。

2.5 化学调控技术

基于外源物质对棉花生长发育的调控作用，通过在不同时期喷施外源物质，调节植株生理特性，促进根系发展与壮株，发挥植物自身能力，加强对物质的吸收以及提高抗病能力，同时促进产量增加。

3 农药减施技术

3.1 清洁田园和秋耕冬灌技术

棉花收获后及时拔除病株棉秆并清洁田园，清除病虫残体。秋耕深翻，有条件棉区秋冬灌水保墒，压低病虫越冬基数。

3.2 种子处理技术

种子包衣应根据本地苗期主要病虫害，合理选用杀虫剂、杀菌剂混合处理种子。

3.3 生物农药控害技术

针对本区域主要病虫害，选用茚虫威、阿维菌素、苏云金杆菌、棉铃虫核多角体病毒、苦参碱、黎芦碱、狼毒素、印楝素、鱼藤酮、灭幼脲、抑食肼、枯草芽孢杆菌、5%氨基寡糖素等生物制剂、昆虫生长调节剂替代化学农药，控制主要病虫害的发生。

3.4 棉铃虫诱杀技术

通过种植玉米诱集带、安装杀虫灯、设置性诱捕器、喷施棉铃虫食诱剂等诱杀棉铃虫成虫，降低田间落卵量，减轻为害。

3.5 生态调控和生物多样性控害技术

合理作物布局，增加麦棉邻作。种植生态带，在棉田周边田埂和林带下种植玉米、苜蓿等作物，并通过点片施药、隐蔽施药等方式，培育、涵养和保护天敌，利用天敌控制棉蚜、棉叶螨的为害。

3.6 无人机及其他药械高效防治技术

探索无人机施药的高效技术指标，做到精准施药，提高农药利用率和防治效果，提升工作效率。

主要参考文献

百度百科［DB/OL］. https：//baike. baidu. com/.

中国农业科学院棉花研究所. 2013. 中国棉花栽培学［M］. 上海：上海科学技术出版社.

中国知网［DB/OL］. https：//www. cnki. net/.

后　记

本书主旨是提高棉农对棉花的认识，使其在阅读本书后对棉花生产的基本知识有初步了解。希望通过通俗易懂的语言，以便于棉农接受，因此会有不够严谨的地方。全书可分四个主要部分，第一部分讲解棉花的一些概念和不同生育时期的一些管理措施，用于提高棉农对棉花的认识；第二部分主要讲棉花的一些病虫害情况，使棉农对棉花主要病虫害有所了解；第三部分主要介绍了当前新疆不同区域主栽的一些棉花品种，可为棉农选择品种提供参考；第四部分主要是生产中的一些技术规程。

本书依托国家重点研发计划项目“棉花化肥农药减施技术集成研究与示范”子课题“新疆东部及甘肃河西走廊棉区棉花化肥农药减施增效技术集成与示范”，选取了项目组收集的一些病虫害照片，以及提出的一些指导意见。结合国家棉花工程技术研究中心“十二五”期间组织实施的国家棉花科技支撑项目的一些成果，以及历年在不同示范区推广的一些技术规程汇总，从而形成了一套完整的管理技术指导，希望通过汇总，既能传播植棉知识又能服务于项目示范区棉农。本书可作为示范区棉农培训材料，使棉农掌握植棉新动向，提高棉农素质。